普通高等教育"十二五"规划教材·风景园林系列

园林建筑设计

李慧峰　主编

冯曦蓉　陈　莺　副主编

化学工业出版社

·北京·

　　本书概述了园林建筑的概念功能、特点、分类与园林的关系以及发展概况，阐述了园林建筑设计的原理、方法与技巧，介绍了园林建筑个体的设计方法以及园林建筑小品的类型、功能和设计要点，并附有大量的实例及图片，具有较强的理论性和应用性。

　　本书适合作为高等院校和职业学校的园林、风景园林、城市规划、建筑学、环境艺术等专业本科、高职等学生的教材，也可作为园林工作者、建筑设计人员的参考用书。

图书在版编目（CIP）数据

园林建筑设计/李慧峰主编. —北京：化学工业出版社，2011.3（2023.1重印）

普通高等教育"十二五"规划教材·风景园林系列

ISBN 978-7-122-10277-5

Ⅰ.园… Ⅱ.李… Ⅲ.园林建筑-园林设计-高等学校-教材 Ⅳ.TU986.4

中国版本图书馆 CIP 数据核字（2010）第 262897 号

责任编辑：尤彩霞　　　　　　　　　　装帧设计：关　飞
责任校对：宋　玮

出版发行：化学工业出版社(北京市东城区青年湖南街 13 号　邮政编码 100011)
印　　刷：北京云浩印刷有限责任公司
装　　订：三河市振勇印装有限公司
787mm×1092mm　1/16　印张 13½　字数 394 千字　　2023 年 1 月北京第 1 版第 12 次印刷

购书咨询：010-64518888　　　　　　售后服务：010-64518899
网　　址：http://www.cip.com.cn
凡购买本书，如有缺损质量问题，本社销售中心负责调换。

定　　价：40.00 元　　　　　　　　　　　　　　　版权所有　违者必究

《园林建筑设计》编委

主　　编： 李慧峰

副 主 编： 冯曦蓉　陈　莺

编写人员： 邓文琴　聂伟齐　李霏飞　李珊红　秦明一
　　　　　　　刘俊婧　李慧峰　冯曦蓉　陈　莺　卫　红
　　　　　　　苏　芳

前　言

《园林建筑设计》是园林、风景园林专业的主要专业课程之一，主要培养学生进行园林建筑设计的初步能力。

本书以论述园林建筑设计为主，遵循"古为今用、洋为中用、继往开来、以人为本"的原则，总结古今中外园林建筑设计方面的优秀成果，结合丰富的实例，汇编成一本较为详尽、系统的园林专业教材。

该课程涉及制图、绘画及表现、艺术、工程技术等多方面内容，在学习该门课程之前要求学生掌握相关专业基础知识。

本书的编写思路：首先既要适合教学，又要适合学生自学，故辅以大量的插图和相应的文字说明；其次对教学内容的处理坚持深入浅出的原则，通过实例加以阐述；再次坚持理论和实践相结合的编写原则，避免了纯理论的抽象及纯实例的不知所以然；最后附录附以园林建筑设计识图和制图主要图例，以便教学和自学查用。

本书主要由西南林业大学园林学院园林规划与设计教研室和城市规划教研室组织骨干教师编写。

本书第一章、第四章和附录由李慧峰编写，第二章由冯曦蓉编写，第三章由陈莺编写。

邓文琴、聂伟齐、李霏飞、李珊红、秦明一、卫红、苏芳参加了第一章、第四章和附录部分章节的编写和绘图工作，在此一并感谢。

由于编者水平有限，疏漏之处在所难免，真诚欢迎广大读者、同行和专家们予以指正，以便今后改进，在此深表谢意！

编　者

2010 年 11 月

目　录

第1章
概　述

1.1　园　林

1.1.1　园林的概念

园林，在我国古代有多种名称。先秦时期称苑、囿、园、圃、园池等。这些园林以自然山林、山水、植物和动物为主，此外，还有称离宫、别馆等，它们以建筑物为主，但都建在郊外。从西汉至清朝，先后称苑囿、行宫或单称苑。苑专指皇帝所造之园，南宋也称园囿，既指供帝王、皇室游乐的御园，又指王公显贵之园等；至于称作园亭、园池、园林、庭园、别墅、山庄等，除清代避暑山庄外，则为非帝皇园之各种名称，尤以官宦、豪绅私园为主；公园之称，北魏时才开始出现，指官府园地，今指公共之园，各城市都有。

园林，就其功能而言，最早专供帝王游猎。但西周文王所造园，除供帝王游猎、观赏动物之外，还有欣赏音乐、提供贵族子弟学习的优美场所及供百姓冬季打柴、猎获小动物等功能。西汉时期的梁王兔园，为文人游览吟诗作赋提供了最佳的场所。东汉末年，曹氏父子的邺下西园，也发挥着同样的作用。东晋王羲之的《兰亭集序》奠定了后世文人以文会友、诗酒相随的传统，那些园林、园亭早就成了他们相会的聚集胜地，体现出一种园林情绪，这一传统至清代仍盛传不衰。由此可见，中国园林与中国古代的诗文、绘画及音乐等都有着不解之缘。这说明，园林在其审美价值上，与诗文等艺术形态都具有同样的性质和功能。

园林的定义，历来有多种说法。《中国大百科全书》称园林（park and garden）是"在一定的地域运用工程技术和艺术手段，通过改造地形（或进一步筑山、叠石、理水）、种植树木花草、营造建筑和布置园路等途径创作而成的美的自然环境和游憩境域"。

1.1.2　园林发展的四个阶段

园林的发展经历了四个重要的历史阶段：

1.1.2.1　第一阶段　狩猎社会的园林

在以狩猎为主、兼具群聚生活功能的同时，通过对周围环境的感性适应，人们建造了原始性公社，这时进入了园林的萌芽状态。

1.1.2.2　第二阶段　农业社会的园林

社会的进步，使人们不再满足于旧有的生活状态，他们开始自觉地开发自然，用自己理性的思维去适应和发展环境，这时就出现了城市集镇。集镇拥有了固定的服务对象，以封闭、内向为主要造园流派，有了最初的造园者和特定的造园设计思想。此时"园林"的概念应运而生，这就是早期的园林。

这时"园林"的由来和内容大致包含以下几个方面：

① 园林文字字源：囿、圃；

② 神话传说：a. 宗教经典："瑶池"、悬圃；b. 圣经：伊甸园；c. 佛教：极乐世界；d. 伊斯兰教：天国；

③ 构成园林的四个基本要素：山、水、植物、建筑；

④ 造园主要手段：筑山、理水、植物配置、建筑营造；

⑤ 按四要素分类：a. 规整式园林；b. 风景式园林；

这些最初的造园手法和造园理念，形成了那时独特的园林体系。

1.1.2.3　第三阶段　工业社会的园林

在出现了早期较为完整的园林体系的同时，人们的生活方式逐渐从原来的简单农业劳动，转变为以技术为主的工业劳动。这时在社会上流行两种改良学说：①F. L 奥姆斯特德——城市园林化思想，代表为 1857 年与 C. 沃克斯的纽约"中央公园"；②霍华德的"田园城市"设想。在两种学说的影响下，出现了早期的"公共园林"，从以前内向型风格转变为外向型风格，有了更加明确和现实的造园目的和园林建造者。

1.1.2.4　第四阶段　现代社会的园林

随着现代社会的飞速发展，"园林"在时代的历程中也迎来了又一个新的春天。此时的造园者，已不再满足于单纯的小范围地块的营造，而是着眼于更大的天地视线。这时开始出现了"园林城市"，区域性大地景观规划和跨学科综合性与公众参与性相结合的较高水平的造园境界。

1.1.3　园林的四种基本要素

我国当代著名园林艺术家陈从周先生在其《说园》中说："中国园林是由建筑、山水、花木等组合而成的一个综合艺术品，富有诗情画意。"言简意赅地道出了中国园林艺术的要旨。

土地、水体、建筑、植物，被称为造园"四要素"，这个说法由来已久。其中建筑艺术，可谓集中国古典建筑之大成，均为人工营造，自不待言。"山水"从自然的山水园逐步转向人工的山水园，则有一个历史演变的过程。

在中国园林历史上，运用造园"四要素"趋于成熟的时期，应为宋、元、明、清。山水诗、山水画、山水园林互相渗透的密切关系，到宋代已经完全确立。诗画意境运用到园林艺术中，进一步促进了文人写意山水园的发展，并逐步成为造园艺术的主流。最典型的例子是宋徽宗亲自参与设计建造的"艮岳"，无论是规模还是艺术手法，均可称得上人工山水之极致。北宋时期苏舜钦的"沧浪亭"，是文人写意山水园的一个典范。元代"文人画"的兴起，山水题材的意兴更加浓郁，"山水"成为文人移情寄兴的对象和文人自我人格与个性的表现，并对明清两代山水画影响极大。这一时代的艺术风格，自然也在园林艺术中凸现，出现了一大批著名的园林，如苏州的狮子林、拙政园、艺圃、留园、网师园、环秀山庄、耦园、退思园；扬州的影园（已毁）、个园、何园、小盘谷；无锡的寄畅园；北京的清华园、勺园（已毁）、萃锦园；广州的余荫山房；上海的豫园……这些园林无不以山水为主景，以山水取胜。

造园"四要素"，不是简单的物质，而是造园者的精神物化，具有时代特征的文化符号。山水的移天缩地，建筑的丰富多彩，花木的意蕴隽永，人的创造性得到最大限度地发挥，从而构成了变化无穷的景色，这是我们的先人创造的最具民族代表性的艺术成就之一，也是我们打开中国古典园林艺术殿堂之门的钥匙，值得研究和借鉴。

1.1.4　园林的四种形式

古今中外的园林不外乎四种形式：规整式园林、风景式园林、混合式园林、庭园。

① 规整式园林　此种园林的规划讲究对称均齐的严整性，讲究几何形式的构图。建筑物的布局固然是对称均齐的，即使植物配置和筑山理水也按照轴线左右均衡的几何对位关系来安排，着重于强调园林总体和局部的图案美。

② 风景式园林　此种园林的规划与前者相反，完全自由灵活而不拘一格。一种情况是利用天然的山水地貌并加以适当的改造和剪裁，在此基础上进行植物配置和建筑布局，着重于精练而

概括表现天然风致之美。另一种是将天然山水缩移并模拟在一个小范围之内，通过"写意"式的再现手法而得到小中见大的园林效果。

③ 混合式园林　即规整式与风景式相结合的园林。

④ 庭园　以建筑物从四面或三面围合成的一个庭院空间，在这个比较小而封闭的空间里点缀山池，配置植物，可视为室内空间向室外的延伸。

1.1.5　世界造园体系

世界造园体系大致可分为东方园林、西亚园林和欧洲园林三大园林系统。

1.1.5.1　东方园林

东方园林以中国园林为代表，包括日本、朝鲜及东南亚，主要特色是自然山水、植物与人工山水、植物和建筑相结合。

中国园林是中国文化在几千年长期发展的过程中孕育出的，是一个历史悠久源远流长的园林体系，其历史大约从公元前 11 世纪奴隶社会末期开始，直到 19 世纪末的封建社会解体为止，在3000 余年漫长、不间断的发展过程中，形成了世界上独树一帜的风景式园林体系。中国园林起始于商周时代的帝王苑囿，周文王筑灵台、灵沼、灵圃，是最早的皇家园林。兴于春秋战国，其功能由早先的狩猎、通神、求仙、生产，逐渐转化为后期的游憩、观赏。至秦汉时，已初具模仿自然的造园风格，并出现私家园林。魏晋南北朝时寄情山水的私家园林大盛，唐宋时又将诗情画意引入园林的布局与造景，成为中国古典园林艺术的总特征，后经历代造园实践，至清时形成完整的艺术体系。

总的说来，中国园林大致经历了囿、圃——建筑宫苑——自然山水园——写意山水园——文人诗话山水园几个阶段。中国园林在漫长的发展过程中，经历了从实用型到观赏型的转变。

中国园林体系并不像处于同一历史时期的欧洲园林那样，呈现为各个时代形式、风格的迥然不同，此起彼落、更迭变化，以及各个地区不同形式、风格的互相影响、融合变异。中国园林是在漫长的历史进程中自我完善的，受外来影响甚微，发展极为缓慢，表现为持续不断的演进过程。

以中国山水园林为代表的东方园林主要特色是力求表现自然美，布局形式追求自由、变化、曲折，要求景物源于自然，又高于自然，使建筑美和自然美融为一体，做到"虽由人作，宛自天开"，蕴涵深远意境，因而形成了自然式山水风景园林。

1.1.5.2　西亚园林

西亚园林以巴比伦、埃及、古波斯的园为代表，主要特色是花园与教堂园。

这类园林采取方直的布局规划、齐整的植物栽种方法和规则的水渠分布系统，园林风貌较为严整，后来这一手法为阿拉伯人所继承，成为伊斯兰园林艺术的主要传统。基督教《圣经》所指的天国园林乐园——伊甸园，传说就在叙利亚首都大马士革。

两河流域的伊拉克（古巴比伦）也是世界古文明的发源地，远在公元前 3500 年就有花园。传说中的巴比伦空中花园，始建于公元前七世纪，是历史上第一名园，被列为世界七大奇迹之一。

作为西方文化最早策源地的埃及，早在公元前 3700 年就有金字塔墓园。那时，尼罗河谷的园艺已很发达，原本有实用意义的树木园、葡萄园、蔬菜园，到公元前十六世纪演变成埃及重臣们享乐的私家花园。比较有钱的人家，住宅内也均有私家花园，有些私家花园，有山有水，设计颇为精美。穷人家虽无花园，但也在住宅附近用花木点缀。

古波斯的造园活动，是由猎兽的囿逐渐演进为游乐园的。波斯是世界上名花异草发育最早的地方，以后再传播到世界各地。公元前五世纪，波斯就有了把自然与人为相隔离的园林——天堂园，四面有墙，园内种植花木。在西亚这块干旱地区，水一向是庭园的生命。因此，在所有阿拉伯地区，对水的爱惜、敬仰，到了神化的地步，它也被应用到造园中。

公元八世纪，西亚被回教徒征服后的阿拉伯帝国时代，他们继承波斯造园艺术，并使波斯庭园艺术又有新的发展，在平面布置上把园林建成"田"字，用纵横轴线分作四区，十字林荫路交叉处设置中心水池，把水当作园林的灵魂，使水在园林中尽量发挥作用。具体用法是点点滴滴，蓄聚盆池，再穿地道或明沟，延伸到每条植物根系。这种造园水法后来传到意大利，更演变到神奇鬼工的地步，每处庭园都有水法的充分表演，成为欧洲园林必不可少的点缀。

阿拉伯园林有以下特征：

① 阿拉伯人早先原是沙漠上的游牧民族，祖先逐水草而居的帐幕生涯，对"绿洲"和水的特殊感情在园林艺术上有着深刻的反映；

② 受到古埃及的影响从而形成了阿拉伯园林的独特风格：以水池或水渠为中心，水经常处于流动的状态，发出轻微悦耳的声音；建筑物大半通透开畅，园林景观具有一定幽静的气氛；

③ 伊斯兰教教义的约束，在这个广大的地区内仍然保持着伊斯兰文化的共同特点。

由于气候干燥，遍布沙漠，西亚诸国对水和绿荫特别珍惜，习惯用篱或墙围成方直平面的庭园，便于把自然和人为的界限划清，采取方直的规划、齐正的栽植和规则的水渠，园林风貌较为严整。园林环境水法密布，也是西亚园林体系的主要特色。

1.1.5.3　欧洲园林

欧洲园林也称为西方园林。

欧洲园林是以古埃及和古希腊园林为渊源，以法国古典主义园林和英国风景式园林为优秀代表，以规则式和自然式园林构图为造园流派，以人工美的规则式园林和自然美的自然式园林为造园风格、思想理论，分别追求人工美和自然美的情趣，艺术造诣精湛独到。

欧洲园林始于古埃及与古希腊。公园前5世纪，几何学应用于园林设计，古埃及形成了世界上最早的规则式园林。公元5世纪，希腊人通过波斯学到了西亚的造园艺术，发展成为宅院内布局规整的柱廊园形式，把欧洲与西亚两种造园系统联系起来。古希腊造园具有强烈的理性色彩，通过整理自然，形成有序的和谐。

公元6世纪，西班牙的希腊移民把造园艺术带到那里，西班牙人吸取回教园林传统，承袭巴格达、大马士革风格，以后又效法荷兰、英国、法国造园艺术，又与文艺复兴风格结成一体，转化到巴洛克式。西班牙园林艺术影响墨西哥以及美国。

古希腊被古罗马征服后，造园艺术亦为古罗马所继承，并添加了西亚造园因素，发展成了大规模山庄庭院。

公元2世纪，哈德良大帝在罗马东郊始建的山庄，广袤18平方公里，由一系列馆阁庭院组成，园庭极盛，号称"小罗马"。庄园这一形式成为文艺复兴运动之后欧洲规则式园林效法的典范。其最显著的特点是，花园最重要的位置上一般均耸立着主体建筑，建筑的轴线也同样是园林景物的轴线；园中的道路、水渠、花草树木均按照人的意图有序地布置，显现出强烈的理性色彩。

随着文艺复兴，欧洲其他几个重要国家的园林基本上承袭了意大利的风格，先后形成了意大利文艺复兴园林、法国古典主义园林、英国先浪漫主义园林三种风格，但均有自己的特色，且各自把自己的特点发挥得淋漓尽致，都达到了很高的水平。

意大利园林通常以15世纪中叶到17世纪中叶，即以文艺复兴时期和巴洛克时期的意大利园林为代表。意大利盛行台地园林，秉承了罗马园林风格。被认为是欧洲园林体系的鼻祖，对西方古典园林风格的形成起到重要的作用。

意大利园林一般附属于郊外别墅，与别墅一起由建筑师设计，布局统一，但别墅不起统率作用。它继承了古罗马花园的特点，采用规则式布局而不突出轴线。园林分两部分：紧挨着主要建筑物的部分是花园，花园之外是林园。意大利境内多丘陵，花园别墅造在斜坡上，花园顺地形分成几层台地，在台地上按中轴线对称布置几何形的水池和用黄杨或柏树组成花纹图案的剪树植坛，很少用花。重视水的处理。借地形修渠道将山泉水引下，层层下跌，叮咚作响。或用管道引水到平台上，因水压形成喷泉。跌水和喷泉是花园里很活跃的景观。外围的林园是天然景色，树木茂密。别墅的主建筑物通常在较高或最高层的台地上，可以俯瞰全园景色和观赏四周的自然风光。

    法国人在 16 世纪效仿意大利台地园林，到 17 世纪，逐渐自成特色，形成古典主义园林。园林注重主从关系，强调整齐划一、秩序、均衡、对称，平面构图上崇尚圆形、正方形、直线等几何图案和线形分割，突出雄伟端庄的几何平面。先后在巴黎南郊建枫丹白露宫园、巴黎市内卢森堡宫园。1661 年开始在巴黎西南建造、历时百年、面积达 1500 公顷的凡尔赛宫园林是其代表作。

    英国在公元五世纪以前，作为罗马帝国属地，萌芽的园林脱离不了罗马方式。英国园林先后受到意大利、法国的影响，从 18 世纪开始，在大自然中建园，把园林与自然风光融为一体。十八世纪中叶以后，中国造园艺术被英国引进，趋向自然风格，由规则过渡到自然风格的园林应运而生，被西方造园界称作"英华庭园"。但与中国山水风景园林不同，英华园林原原本本地把大自然的构景要素经过艺术地组合、相应于用地的大小而呈现在人们面前。之后，这种"英华庭园"通过德国传到匈牙利、沙俄和瑞典，一直延续到 19 世纪 30 年代。18 世纪后半期，英国园林思想出现浪漫主义倾向。

    从十七世纪初，英国移民来到新大陆，同时也把英国造园风格带到美洲大陆。美国独立后逐步发展成为具有本土特色的造园体系："园景建筑"，造园作为一项职业，在美国影响深远，并使美国今日"园景建筑"专业处于世界领先地位。

    总结起来，欧洲园林经历了囿、圃——台地花园（文艺复兴式花园）——规则式园林（古典主义园林）——自然风景园林——新古典主义园林几个阶段。同样也是由实用型转变为观赏型。

    欧洲园林在实践造园过程中强调建筑和自然的对立，通过规则式的园林规划和规则的植物造型表述对大自然的征服欲、成就感，表现为开朗、活泼、规则、整齐、豪华、热烈、激情，甚至是奢侈，所以欧洲园林体系的主要特色是规整有序。

1.2 园林建筑

1.2.1 园林建筑的概念

    园林建筑是指园林中既有使用功能、又有选景、观景功能的各类建筑物和构筑物的总称。包括亭、廊、楼、阁、榭、轩、舫、台、厅堂等建筑物和各类建筑小品。

    中国园林建筑包括宏大的皇家园林和精巧的私家园林，这些建筑将山水地形、花草树木、庭院、廊桥及楹联匾额等精巧布设，使得山石流水处处生情，意境无穷。中国园林的境界大体分为治世境界、神仙境界、自然境界三种。

    中国儒学中讲求实际、有高度的社会责任感、重视道德伦理价值和政治意义的思想反映到园林造景上就是治世境界，这一境界多见于皇家园林，著名的皇家园林——圆明园中约一半的景点体现了这种境界。

    神仙境界是指在建造园林时以浪漫主义为审美观，注重表现中国道家思想中讲求自然恬淡和修养身心的内容，这一境界在皇家园林与寺庙园林中均有所反映，例如圆明园中的蓬岛瑶台、四川青城山的古常道观、湖北武当山的南岩宫等。

    自然境界重在写意，注重表现园林所有者的情思，这一境界大多反映在文人园林之中，如宋代苏舜钦的沧浪亭、司马光的独乐园等。

    中西园林的不同之处在于：西方园林讲求几何数学原则、以建筑为主；中国园林则以自然景观和观者的美好感受为主，更注重天人合一。

1.2.2 园林建筑的功能

    中国的园林建筑历史悠久，在世界园林史上享有盛名。在 3000 多年前的周朝，中国就有了最早的宫廷园林。此后，中国的都城和地方著名城市无不建造园林，中国城市园林丰富多彩，在世界三大园林体系中占有光辉的地位。以山水为主的中国园林风格独特，其布局灵活多变，将人工美与自然美融为一体，形成巧夺天工的奇异效果。这些园林建筑源于自然而高于自然，隐建筑物于山水之中，将自然美提升到更高的境界。

园林建筑的外形与平面布局除满足和反映特殊功能性质，还受到园林造景制约，设计时要把园林建筑的功能和它们对园林景观起的作用恰当地结合起来。

可以把园林建筑的作用归纳如下：

1.2.2.1　点景（点缀风景）
建筑往往是整个园林的重点和主题。

点景要与自然风景融汇结合，园林建筑常成为园林景观的构图中心的主体，或易于近观的局部小景或成为主景，控制全园布局，园林建筑在园林景观构图中常有画龙点睛的作用。

1.2.2.2　观景（观赏风景）
以园林建筑作为观赏园内景物的场所，园林建筑的位置、朝向、封闭与开放占主要因素。

观景作为观赏园内外景物的场所，一栋建筑常成为画面的重点，而一组建筑物与游廊相连成为动观全景的观赏线。同时也可提供休憩和活动的空间。因此，建筑朝向、门窗位置大小要考虑赏景的要求。

1.2.2.3　范围园林空间
就是以建筑围合的一个空间。

园林设计空间组合和布局是重要内容，园林常以一系列的空间变化巧妙安排给人以艺术享受，以建筑构成的各种形式的庭院及游廊、花墙、圆洞、门等恰是组织空间、划分空间的最好手段。

1.2.2.4　组织游览路线
以道路结合建筑的穿插，达到移步换景的设计理念。

园林建筑常常具有起承转合的作用，当人们的视线触及某处优美的园林建筑时，游览路线就会自然而然的延伸，建筑常成为视线引导的主要目标。人们常说的步移景异就是这个意思。

1.2.2.5　提供一定的使用供能
诸如售票、摄影、餐饮、小卖等服务。

1.2.3　园林建筑的特点
园林建筑设计把建筑作为一种风景要素来考虑，使之和周围的山水、岩石、树木等融为一体，共同构成了优美景色，这就是建筑的真谛所在。园林建筑主要有以下几个特点：

1.2.3.1　艺术性高
由于园林建筑特有功能的要求，为人们休憩和文化娱乐活动提供场所，要求既可观景又可成景，观赏价值要求较高，艺术造型要求高，所抒发的情趣和其它的建筑有很大的不同，具有较高的艺术价值和诗情画意，所谓"寓情于景、情景交融、触景生情、诗情画意"等园林意境的描绘都说明园林建筑是凝聚了的诗和画，具有极高的艺术感染力。

1.2.3.2　功能性强
可游、可居、可玩、可赏等多种使用功能。

1.2.3.3　灵活性大
构图原则和其它类型的建筑不同，可供观赏景物、短暂休息停留的建筑物很难说清楚其在约制上的要求，可以说"无规可寻、构图无格"。对待它的灵活性问题，要一分为二地看待。

1.2.3.4　四维动态空间
建筑空间（室内和室外的空间）组织灵活，动中观景，要求景物富于变化，组织空间游览序列和组织观景路线的问题显得尤为突出。

1.2.3.5 和整体环境协调

园林建筑是风景和建筑有机结合的产物，为园林增添景色，是园林中的一个亮点，园林建筑本身可以成景，如和各种环境协调、造型优美的亭、台、楼、阁、榭、舫等建筑物，考虑和整体环境协调，处理好建筑物和环境的关系。

1.2.3.6 整体性强

对待自然的态度不同，组织园林建筑空间的物质手段，除了建筑本身以外，造园的其它活动如筑山、理水、植物配置等也应该和建筑营建紧密配合，只有这样才能把建筑美和自然美相融合，从而达到"虽由人作，宛自天开"的艺术境界。

1.2.3.7 以人文本、景为人造

以人为中心，本着安全、适用、经济、美观的原则进行建设。

1.3 园林与园林建筑

1.3.1 园林与园林建筑的关系

中国园林建筑绝对离不开中国园林，否则就会把它和中国其它建筑类型混同对待。园林是由地形、地貌和水体、建筑构筑物和道路、植物等素材根据功能要求，经济技术条件和艺术布局等方面综合组成的统一体。中国园林建筑和中国园林艺术同出一炉、同时产生、同时发展。

中国园林建筑与园林始终表现出以人为本、景为人用的基本特点。这就使得中国的园林建筑既能很好地与自然环境相协调，又能与人的使用需要相统一，且具有很大的实用性、灵活性、通用性。

中国园林建筑与园林的关系：

① 一方面表现为水乳交融。园林中因为有了精巧、典雅的园林建筑的点染而更加优美，更适合人们游玩、观赏的需要。

② 另一方面表现为相辅相成。园林是为建筑服务的，首先要先确定了建筑的风格才能确定园林的风格；然后在园林风格中更好地体现建筑，使建筑融入环境，使环境更好地衬托建筑，也就是以建筑为主，园林为辅。

中国园林建筑与园林，如同我国的文化传统一样，具有浓重的民族特征。中国的园林建筑，由于与自然环境及人的生活的紧密结合，在建筑布局、空间组织等方面表现得十分自由和灵活，其基本的布局法则与建筑处理手法和西方建筑相比较，有许多相通之处。

1.3.2 园林建筑的意境形式

1.3.2.1 表现含蓄

含蓄效果是中国古典园林重要的建筑风格之一。追求含蓄与我国诗画艺术追求含蓄有关，在绘画中强调"意贵乎远，境贵乎深"的艺术境界；在园林中强调曲折多变，含蓄莫测。这种含蓄可以从两方面去理解：其一，其意境是含蓄的；其二，从园林布局来讲，中国园林往往不是开门见山，而是曲折多姿、含蓄莫测。往往巧妙地通过风景形象的虚实、藏露、曲直的对比来取得含蓄的效果。如首先在门外以美丽的荷花池、桥等景物把游人的心紧紧吸引住，但是围墙高筑，仅露出园内一些屋顶、树木和圆内较高的建筑，看不到里面全景，这就会使人引起遐想，并引起了解园林景色的兴趣。北京颐和园即是如此，颐和园入口处利用大殿，起掩园主景（万寿山、昆明湖）之作用，通过大殿，才豁然开朗，见到万寿山和昆明湖，那山光水色倍觉美不胜收。江南园林中，漏窗往往成为含蓄的手段，窗外景观通过漏窗，隐隐约约，这就比一览无余地看有生趣得多。如苏州留园东区以建筑庭园为主，其东南角环以走廊，临池面置有各种式样的漏窗、敞窗，

使园景隐露于窗洞中，当游人在此游览时，使人左右逢源，目不暇接，妙趣横生。

1.3.2.2 强调意境

中国古典园林追求的"意境"二字，多以自然山水式园林为主。一般来说，园中应以自然山水为主体，这些自然山水虽是人作，但是要有自然天成之美，有自然天成之理，有自然天成之趣。在园林中，即使有密集的建筑，也必须要有自然的趣味。为了使园林有可望、可行、可游、可居之地，园林中必须有各种相应的建筑，但是园林中的建筑不能压倒或破坏主体，而应突出山水这个主体，与山水自然融合在一起，力求达到自然与建筑有机的融合，并升华成一件艺术作品。这中间建筑对意境的表现手法如：承德避暑山庄的烟雨楼，是仿浙江嘉兴烟雨楼之意境而筑，这座古朴秀雅的高楼，每当风雨来临时，即可形成一幅淡雅素净的"山色空蒙雨亦奇"的诗情画意图，见之令人身心陶醉。

园林意境的创作方法，有中国自己的特色和深远的文化根源。融情入境的创作方法，大体可归纳为三个方面：

①"体物"的过程 即园林意境创作必须在调查研究过程中，对特定环境与景物所适宜表达的情意作详细的体察。事物形象各自具有表达个性与情意的特点，这是客观存在的现象。如人们常以柳丝比女性、比柔情；以花朵比儿童或美人；以古柏比将军、比坚贞。比、兴不当，就不能表达事物寄情的特点。不仅如此，还要体察入微，善于发现。如以石块象征坚定性格，则卵石、花石不如黄石、盘石，因其不仅在质，亦且在形。在这样的体察过程中，心有所得，才开始立意设计。

②"意匠经营"的过程 在体物的基础上立意，意境才有表达的可能。然后根据立意来规划布局，剪裁景物。园林意境的丰富，必须根据条件进行"因借"。计成《园冶》中的"借景"一章所说"取景在借"，讲的不只是构图上的借景，而且是为了丰富意境的"因借"。凡是晚钟、晓月、樵唱、渔歌等无不可借，计成认为"触情俱是"。

③"比"与"兴" 是中国先秦时代审美意识的表现手段。《文心雕龙》对比、兴的释义是："比者附也；兴者起也。""比是借他物比此物"，如"兰生幽谷，不为无人而不芳"是一个自然现象，可以比喻人的高尚品德。"兴"是借助景物以直抒情意，如"野塘春水浸，花坞夕阳迟"景中怡悦之情，油然而生。"比"与"兴"有时很难决然划分，经常连用，都是通过外物与景象来抒发、寄托、表现、传达情意的方法。

1.3.2.3 突出宗教迷信和封建礼教

中国古典建筑与神仙崇拜和封建礼教有密切关系，在园林建筑上也多有体现。汉代的园林中多有"楼观"，就是因为当时人们都认为神仙喜爱住在高处。另外还有一种重要的体现，皇家建筑的雕塑装饰物上才能看到的吻兽。吻兽既是人们对龙的崇拜，创造的多种神兽的总称。吻兽排列有着严格的规定，按照建筑等级的高低而有数量的不同，最多的是故宫太和殿上的装饰。这在中国宫殿建筑史上是独一无二的，显示了至高无上的重要地位。在其它古建筑上一般最多使用九个走兽。这里有严格的等级界限，只有金銮宝殿（太和殿）才能十样齐全。中和殿、保和殿都是九个。其它殿上的小兽按级递减。

因此吻兽是中国古典建筑中一种特有的雕塑装饰物。因为吻兽是皇家特有的，所以也是区分私家和皇家园林及建筑的一种方法。

1.3.2.4 平面布局简明有规律

中国古代建筑在平面布局方面有一种简明的组织规律，这就是每一处住宅、宫殿、官衙、寺庙等建筑，都是由若干单座建筑和一些围廊、围墙之类环绕成一个个庭院而组成的。一般地说，多数庭院都是前后串联起来，通过前院到达后院，这是中国封建社会"长幼有序，内外有别"的思想意识的产物。家中主要人物，或者应和外界隔绝的人物（如贵族家庭的少女），就往往生活在离外门很远的庭院里，这就形成一院又一院层层深入的空间组织。同时，这种庭院式的组群与布局，一般都是采用均衡对称的方式，沿着纵轴线（也称前后轴线）与横轴线进行设计。比较重要的建筑都安置在纵轴线上，次要房屋安置在它左右两侧的横轴线上，北京故宫的组群布局和北方的四合院是最能体现这一组群布局原则的典型实例。这种布局是和中国封建社会的宗法和礼教制度密切相关的。它最便于根据封建的宗法和等级观念，使尊卑、长幼、男女、主仆之间在住房上也体现出明显的差别。这是封建礼教在园林建筑布局上的体现。

1.3.2.5 地域文化不同园林建筑风格有异

洛阳自古以牡丹闻名，园林中多种植花卉竹木，尤以牡丹、芍药为盛，对比之下，亭台楼阁等建筑的设计疏散。甚至有些园林只在花期时搭建临时的建筑，称"幕屋"、"市肆"。花期一过，幕屋、市肆皆被拆除，基本上没有固定的建筑。

而扬州园林，建筑装饰精美，表现细腻。这是因为，扬州园林的建造时期多以清朝乾隆年间为主，建造者许多都是当时巨商和当地官员所建。目的是炫耀自己的财富、粉饰太平，因此带有鲜明的功利性。扬州园林在审美情趣上，更重视形式美的表现。这也与一般的江南私家园林风格不同，江南园林自唐宋以来追求的都是淡泊、深邃含蓄的造园风格。

1.4 中外园林建筑发展概述

1.4.1 中国园林建筑发展简介

我国的园林艺术至今已有三千多年的历史，以其讲求"妙极自然，宛自天开"的自然式山水园林风格，为我们民族所特有的优秀建筑文化传统，在长期的历史发展过程中积累了丰富的造园理论和创作实践经验。不仅对日本、朝鲜等亚洲国家，而且对欧洲一些国家的园林艺术创作也都发生过很大的影响。为此，我国园林被誉为世界造园史上的渊源之一。

中国园林的发展可划分为以下几个历史阶段。

1.4.1.1 园林的萌芽期（商周）

中国园林的兴建是从商殷时期开始的，在甲骨文中就有了园、囿、圃等字的出现。最初的形式"囿"，是就一定的地域加以范围，让天然的草木和鸟兽滋生繁育，还挖池筑台，供帝王们狩猎和游乐。故囿具备了园林活动的内容，是我国古典园林的一种最初形式。

最早建于史籍记载的园林形式是"囿"，园林里面的主要构筑物是"台"。中国古典园林产生于囿与台的结合，时间在公元前11世纪奴隶社会后期的殷末周初。

"囿"为狩猎之用，"台"为通神之用，所以，狩猎和通神是中国古典园林最早具备的两个功能。

最早的皇家园林是商的末代帝王殷纣王所建的"沙丘苑台"和周的开国帝王周文王所建的"灵囿"、"灵台"与"灵沼"。

春秋战国时期，吴王夫差筑姑苏台、造梧桐园、会景园，"穿沿凿池，构亭营桥，所植花木，类多茶与海棠"。这说明当时造园活动用人工池沼，构置园林建筑和配置花木等手法已经有了相当高的水平，上古朴素的囿的形式得到了进一步的发展。

战国之后，昆仑神话发展为蓬莱神话，东海仙山的神话内容比较丰富，对园林的影响也比较大。于是模拟东海仙境成为后世帝王苑囿的主要内容。

1.4.1.2 园林的形成期（先秦、两汉）

秦代宫（公元前221～公元前207）苑：公元前221年统一中国后，中央集权建立，秦代12年中建离宫五六百处，仅咸阳附近就有200余处。

到了封建社会的秦代，秦始皇统一中国后，建立了中央集权的秦王朝封建帝国，开始以空前的规模兴建离殿。其中最为有名的应推上林苑中的阿房宫，周围三百里，内有离宫七十所，"离宫别馆，弥山跨谷"，可见其规模之宏伟。

汉代，在囿的基础上发展出新的园林形式——苑。苑中养百兽，供帝王狩猎取乐，保存了囿的传统。苑中有观、有宫，成为建筑组群为主体的建筑宫苑。

汉武帝时，大造宫苑，把秦的旧苑——上林苑加以扩建。汉上林苑地跨五县，周围三百里，"中有苑三十六，宫十二，观三十五。"建章宫是其中最大、最重要的宫城，"其北治大池，渐台高二十余丈，名曰太液池，中有蓬莱、方丈、瀛洲，壶梁象海中神山、龟鱼之属。"这种"一池三山"，成为后世宫苑中池山之筑的范例。

秦汉时期（公元前221年~公元220年）由于皇帝相信方士所谓的神仙之说，皇家园林以山水宫苑的形式出现，即皇家的离宫别馆与自然山水环境结合起来，其范围大到方圆数百里。秦始皇在陕西渭南建的行宫、阿房宫按天象来布局，在终南山顶建阙，以樊川为宫内之水池，气势雄伟、壮观。秦始皇曾数次派人去神话传说中的东海三仙山——蓬莱、方丈和瀛洲求取长生不老之药。他在自己兰池宫的水池中筑起蓬莱山，表达了对仙境的向往。

汉武帝在秦代上林苑的基础上继续扩建。苑中既有皇家住所，欣赏自然美景的去处，也有动物园、植物园、狩猎区，甚至还有跑马赛狗的场所，名果奇树多达三千余种，成为规模宏伟、功能多样的皇家园林。汉代上林苑是中国皇家园林建设的第一个高潮。

所建宫苑以未央宫、建章宫、长乐宫规模为最大。

在上林苑建章宫的太液池中建有蓬莱、方丈和瀛洲三仙山。从此，"一池三山"的形式成为后世宫苑中池山之筑的范例，一直延续到了清代，并影响到日本造园。如西湖、颐和园以及日本的诸多庭园。

汉代木构架建筑的屋顶造型已具有庑殿、悬山、囤顶、攒尖、歇山五种形式。

1.4.1.3 园林的发展转折期（魏晋南北朝）

从三国到隋朝统一中国的四百六十多年，是历史上的一个大动乱时期，是思想、文化、艺术上有重大变化的时代。这些变化引起园林创作的变革。

由于战乱较多，在没落、无为、循世和追求享乐的思想影响之下，宫苑建筑之风盛行，"诗情画意"也运用到园林艺术之中来了。

当时建筑技术与材料已相当发达，建筑装饰中色彩丰富以及优美的纹样图案等，都为造园活动提供了技术与艺术的条件。

园林形式从粗略的模仿真山真水转到用写实手法再现山水；园林植物由欣赏奇花异木转到种草栽树，追求野致；园林建筑不再徘徊连续，而是结合山水，列于上下，点缀成景。南北朝时期园林是山水、植物和建筑相互结合组成山水园。这时期的园林可称作自然（主义）山水园或写意山水园。

佛寺丛林和游览胜地开始出现。此外，一些风景优美的胜区，逐渐有了山居、别业、庄园和聚徒讲学的精舍。这样，自然风景中就渗入了人文景观，逐步发展成为今天具有中国特色的风景名胜区。

这一时期有影响的苑室，如三国时代曹操所建的铜雀台，有五层楼阁；三国时的魏文帝还"以五色石起景阳山于芳林苑，树松竹草木、捕禽兽以充其中"；吴国的孙皓在建业（今南京）"大开苑囿，起土山楼观，功役之费以万计"。晋武帝司马炎重修"香林苑"，并改名为"华林苑"。

在以园林优美闻名于世的苏州，据记载在春秋、秦汉和三国时代，统治者已开始利用这里明山秀水的自然条件，兴建花园，寻欢作乐。东晋顾辟疆在苏州所建"辟疆园"，应当是这个时期江南最早的私家园林了。

南朝，梁武帝的"芳林苑"，"植嘉树珍果，穷极雕丽"。他广建佛寺，自己三次舍身同泰寺，以麻痹人民。北朝，在盛乐（今蒙古和林格尔县）建"鹿苑"，引附近武川之水注入苑内，广九十里，成为历史上结合蒙古自然条件所建的重要的园林。

1.4.1.4 园林的全盛期（隋、唐）

中国园林在隋、唐时期达到成熟，这个时期的园林主要有隋代山水建筑宫苑、唐代宫苑和游乐地、唐代自然园林式别业山居和唐代写意山水园。

这一时期皇家园林规模宏大，总体布局与局部设计达到一定水平。典型园林有大内御苑：西苑、禁苑、大明宫、兴庆宫；离宫御苑：华清宫；行宫御苑：九成宫；行宫御苑兼具公共游览：曲江。

私家园林艺术水平有所提高，重视局部与小品。出现了城市私园、郊野别墅园、文人园林，如辋川别业。

宗教世俗化导致寺观园林的普及，如慈恩寺。

山水画、山水诗文与山水园林相互渗透。

隋炀帝时更是大造宫苑，所建离宫别馆四十余所。杨广所建的宫苑以洛阳最宏伟的西苑而著称。苑内有周长十余里的人工海，海中有百余尺高的三座海上神山造景，山水之胜和极多的殿堂楼观、动植物等。这种极尽豪华的园林艺术，在开池筑山、模仿自然、聚石引水、植林开涧等有若自然的造园手法，为以后的自然式造园活动打下了厚实的基础。

唐代是继秦汉以后我国历史上的极盛时期。此时期的造园活动和所建宫苑的壮丽，比以前更是有过之而无不及。如在长安建有宫苑结合的"南内苑"、"东内苑"、"芙蓉苑"及骊山的"华清宫"等。著名的"华清宫"至今仍保留有唐代园林艺术风格，极为珍贵。

1.4.1.5　园林的成熟期（宋、元、明、清）

中国的封建社会到宋代已经达到了发育成熟的境地。从中唐到北宋，属于中国文化史上的重要转折时期。儒学转化成为新儒学——理学，佛教完成繁衍出汉化的禅宗，道教从民间的道教分化出向老庄、佛禅靠拢的士大夫道教。城乡经济高度发展，带动了科学技术的进步，四大发明均完成于宋代。由于诗文绘画的发展，宋代开始重视园林意境的创造。

代表性园林为写意山水园、北宋山水宫苑。

宋代的皇家园林集中在东京与临安两地，其规模与气势，远不如隋唐，但精致程度超过之。少皇家园林之气派，更多的接近于私家园林。

东京的园林：北宋前期大抵还沿用后周的宫城旧苑，直到宋徽宗时才建成两处新的大内御苑——延福宫与艮岳。

艮岳是一座叠山、理水、花木、建筑完美结合的具有浓郁诗情画意的而较少皇家气魄的人工山水园，它代表着宋代皇家园林的风格特征和宫廷造园艺术的最高水平。

北宋东京的四座行宫御苑——琼林苑、玉津园、宜春苑、含芳园，均为北宋初年建成，分别位于外城以外的东、西、南、北方。

南宋临安建有大内御苑和行宫御苑——樱桃园和德寿宫等，并出现了城市大型园林——西湖。

元代所建西苑，是北海、中海、南海的总称，但起源部分在北海。

明代所建大内御苑共有六处：御花园（紫禁城北端）、建福宫花园（紫禁城内廷西路）、万岁山（皇城北端中轴线上）、西苑（皇城西部）、兔园（西苑之西）、东苑（皇城东南部）。

扬州私家园林：明末望族郑氏兄弟的四座园林：郑元勋的影园、郑元侠的休园、郑元嗣的嘉树园、郑元化的五亩之园，被誉为当时的江南名园之四。

苏州私家园林：沧浪亭始建于北宋，狮子林始建于元代，艺圃、拙政园、五峰园、留园、西园、芳草园、洽隐园等均建于明代后期。

北京的私家园林：仅《长安客话》和《帝京景物略》中所提到的明代就有七、八十处，例如清华园，勺园等；清初则有纪晓岚的阅微草堂、李渔的芥子园等多处。

元、明、清初时期，园林建设取得长足发展，出现了许多著名园林，如三代都建都北京，完成了西苑三海（北海、中海、南海）、圆明园、清漪园（今颐和园）、静宜园（香山）、静明园（玉泉山），达到园林建设的高潮期。

元、明、清是我国园林艺术的集成时期，继承了传统的造园手法并形成了具有地方风格的园林特色。北方以北京为中心的皇家园林，多与离宫结合，建于郊外，少数建在城内，或在山水的基础上加以改造，或是人工开凿兴建，建筑宏伟浑厚，色彩丰富，豪华富丽。南方苏州、扬州、杭州、南京等地的私家园林，如苏州拙政园，多与住宅相连，在不大的面积内，追求空间艺术变化，风格素雅精巧，因势随形创造出了"咫尺山林，小中见大"的景观效果。

元、明、清时期造园理论也有了重大发展，其中比较系统的造园著作就是明末计成的《园冶》。书中提到了"虽由人作，宛自天开"、"相地合宜，造园得体"等主张和造园手法。为我国造园艺术提供了珍贵的理论基础。

清代中期末期则呈现出一种逐渐停滞的、盛极而衰的趋势，该时期是中国历史由古代转入近、现代的一个急剧变化的时期，也是中国园林全部发展历史的一个终结时期。

1.4.2 外国园林发展简介

1.4.2.1 西亚园林

西亚园林发源于古代西亚的叙利亚、伊拉克和波斯。

叙利亚、伊拉克位于亚洲西部的美索不达米亚平原，这里是人类早期最繁荣的文化中心之一，公元前3500年就出现了高度发展的古代文明，出现了城市、国家。这里水源条件较好，雨量较充沛，气候温和，森林茂密。《圣经》中的"伊甸园"，或称"天国乐园"，即位于叙利亚的首都大马士革城附近。

古巴比伦在公元前3500年就有猎园并逐渐向游乐园演化。到公元6世纪，巴比伦王尼布甲尼撒二世在草原上建起高大的、能承受巨大重量的拱券，覆上防渗物，在其上积土种植植物，形成了中空可住人的人工山，亦即"空中花园"。

巴比伦于公元前2世纪衰落了，公元前6世纪，波斯（现在的伊朗）兴起于伊朗西部高原，成为西亚园林中心。

当时的人们利用起伏的地形，在恰当的地方堆筑土山，在高处修建神庙和祭坛，庙前绿树成行，引水筑池，豢养动物，作为狩猎园。后来又增加观赏功能，最著名的是天堂园。

天堂园的造园特点是用纵横轴线把平地分作四块，形成方形的"田字"，在十字林荫路交叉处设中心喷水池，象征天堂。中心水池的水通过十字水渠来灌溉周围的植株。这样的布局是由于西亚的气候干燥，干旱与沙漠的环境所决定。这种园林通常面积较小，外观较为封闭，类似于建筑围合出的中庭。

象征着天堂的中心喷水池，水的作用又得到不断的发挥，由单一的中心水池演变为各种明渠暗沟与喷泉。为了节水，甚至用输水管直接浇到每棵植物的根部。波斯人对水景的造型更加细心推敲，水景的设计技术在当时首屈一指，并传入西班牙、意大利和法国，深刻地影响了欧洲各国的园林。

公元8世纪，阿拉伯帝国征服了波斯帝国，承袭了波斯的造园艺术，发展成为伊斯兰园林。由于阿拉伯国家自然条件近于波斯，大多处于干燥炎热的沙漠地带，所以伊斯兰人对绿洲和水有特殊的感情，因而形成了阿拉伯园林的独特风格。

伊斯兰园林按照伊斯兰教义中的"天堂"进行设计，其特点为《古兰经》中描述的水河、乳河、酒河、蜜河在现实中化作四条主干渠，成十字形通过交叉处与中心水池相连，并将园林分割成田字形。而建筑物大多是通透开敞，富有精美细密的建筑图案和装饰色彩。例如阿尔罕伯宫的狮子园和印度的泰姬陵。

西亚园林在近代显得停滞僵化了。虽然西亚园林对东方园林的影响相对要小得多，但古埃及园林对古希腊园林的产生，波斯园林对中世纪后欧洲园林复兴的影响，让人不得不说离开了西亚园林，欧洲的园林发展便失去了推动力。

1.4.2.2 欧美园林

欧美园林的起源可以追溯到古埃及和古希腊。而欧洲最早接受古埃及中东造园影响的是希腊，希腊以精美的雕塑艺术及地中海区盛产的植物加入庭园中，使过去实用性的造园加强了观赏功能。几何式造园传入罗马，再演变到意大利，他们加强了水在造园中的重要性，许多美妙的喷水出现在园景中，并在山坡上建立了许多台地式庭园，这种庭园的另一个特点，就是将树木修剪成几何图形。台地式庭园传到法国后，成为平坦辽阔形式，并且加进更多的草花栽植成人工化的图案，确定了几何式庭园的特征。法国几何式造园在欧洲大陆风行的同时，英国一部分造园家不喜欢这种违背自然的庭园形式，于是提倡自然庭园，有天然风景似的森林及河流，像牧场似的草地及散植的花草。英国式与法国式的极端相反的造园形式，后来混合产生了混合式庭园，形成了美国及其它各国造园的主流，并加入科学技术及新潮艺术的内容，使造园确立了游憩上及商业上的地位。欧美园林的发展主要经历了上古时代、中古时代、中世纪时代、文艺复兴时代 4 个时期。

1.4.2.3　18 世纪英国自然风景园及园林建筑

英伦三岛多起伏的丘陵，17～18 世纪时由于毛纺工业的发展而开辟了许多牧羊的草场。如茵的草地、森林、树丛与丘陵地貌相结合，构成了英国天然风致的特殊景观。这种优美的自然景观促进了风景画和田园诗的兴盛。而风景画和浪漫派诗人对大自然的纵情讴歌又使得英国人对天然风致之美产生了深厚的感情。这种思潮当然会波及园林艺术，于是以前流行于英国的封闭式"城堡园林"和规整严谨的"靳诺特式"园林逐渐被人们所厌弃而促使人们去探索另一种近乎自然、返璞归真的新的园林风格——风景式园林。

英国的风景式园林兴起于 18 世纪初期。弯曲的道路、自然式的树丛和草地、蜿蜒的河流，讲究借景和与园外的自然环境相融合。为了彻底消除园内景观的景观界限，英国人想出一个办法，把园墙修筑在深沟之中即所谓"沉墙"。当这种造园风格盛行的时候，英国过去的许多出色的文艺复兴和靳诺特式园林都被平毁而改造成为风景式的园林。

1.4.2.4　美国现代园林

美国建国不久，故缺乏特别风格的园林形式。美国建国后生活渐趋安定，于东部开始盛行英国自然风景园，其形式及材料完全抄袭英国，此外意、法、德等式亦前后传入美国，而在美国西部和南部则为西班牙式园林。

现代园林可以美国为代表，美国殖民时代，接受各国的庭园式样，有一时期风行古典庭园，独立后渐渐具有其风格，但大抵而言，仍然是混合式的。因此，美国园林的发展，着重于城市公园及个人住宅花园，倾向于自然式，并将建设乡土风景区的目的扩大于教育、保健和休养。美国城市公园的历史可追溯到 1634 年至 1640 年，英国殖民时期波士顿市政当局曾作出决定，在市区保留某些公共绿地，一方面是为了防止公共用地被侵占，另一方面是为市民提供娱乐场地。这些公共绿地已有公园的雏形。1858 年纽约市建立了美国历史上第一座公园——中央公园，为近代园林学先驱者奥姆斯特德所设计。他强调公园建设要保护原有的优美自然景观，避免采用规划式布局；在公园的中心地段保留开朗的草地或草坪；强调应用乡土树种，并在公园边界栽植浓密的树丛或树林；利用徐缓曲线的园路和小道形成公园环路，有主要园路可以环游整个公园；并由此确立美国城市公园建设的基本原则。美国城市公园有平缓起伏的地形和自然式水体；有大面积的草坪和稀树草地、树丛、树林，并有花丛、花台、花坛；有供人散步的园路和少量建筑、雕塑和喷泉等。城市公园里的园林建筑和园林小品有仿古典式的和现代各流派的作品，最引人注目的是大多数公园里都布置北美印第安人的图腾，这也许就是美国城市公园的特征之一吧。

1.4.2.5　日本园林

日本园林初期大多受中国园林的影响，尤其是在平安朝时代（约我国唐末至南宋），真可谓是"模仿时期"，到了中期因受佛教思想，特别是受禅宗影响，多以娴静为主题。末期明治维新以后，受欧洲致力于公园建造的影响，而成为日本有史以来造园的黄金时期。日本园林的发展大致经历了平安朝时代、镰仓时代、室町时代、桃山时代、江户时代、明治维新时代 6 个主要时期。

1.4.2.6　外国近现代园林发展

二战以后，世界园林的发展又出现了新的趋势。受格罗皮乌斯、布劳耶和唐纳德等人的现代设计思想的影响，现代园林设计也经历了现代主义的改革。此时，人们对园林绿地系统的认识已从过去把园林绿化当作单纯供游览观赏和作为城市景观的装饰和点缀，向着改善人类生态环境、促进生态平衡的高度转化，向着城乡一体化、大环境绿化建设的方向转化；从过去单纯应用观赏植物，向着综合利用各类植物资源的方向转化。基于环境教育目的的生态设计表现形式也开始成为最新的研究方向，提出了生态展示性设计的概念：既通过设计向当地民众展示其生存环境中的种种生态现象、生态作用和生态关系。

园林设计方面，现代园林是一个大的综合性的艺术，包括视觉景观形象、环境生态绿化、大众行为心理三大方面的内容。在造园艺术和手法上由继承各国传统到艺术交流融合，吸收姐妹艺术的灵魂，抽象艺术、构成艺术、结构艺术手法在现代园林中广泛应用，成为现代园林的重要风格。

近一个多世纪以来，风景园林学已经发展成为与建筑学、城市规划学三足鼎立的学科专业。在一系列现代思想的影响下，外国现代园林主要表现为：游憩公园、自然生态园、专题公园、国家公园、私家花园和生态建筑等，同时还包括城市园林绿地系统、城市广场、生态设计与大地景观等众多现代园林形式。

园林建筑也与之相适应，多采用现代风格，所用材料一般采用竹木、砖石、钢筋混凝土、钢结构、高分子材料等形式。

1.5 园林建筑的分类

1.5.1 园林建筑的类型

根据园林建筑的功能、特点，可将其分为以下几种类型：

① 游憩性园林建筑 有休息、游赏等使用功能，具有优美的造型。如亭、廊、花架、榭、舫、园桥等。

② 服务性园林建筑 为游人在旅途中提供生活上服务的设施。如小卖部、茶室、小吃部、餐厅、小型旅馆、厕所等。

③ 文化娱乐性建筑 如游船码头、游艺室、俱乐部、演出厅、露天剧场、展览厅、游泳场、旱冰场等。

④ 公用性园林建筑 主要包括电话、通讯、导游牌、路标、停车场、存车处、供电及照明、供水及排水设施、供气供暖设施、标志物及果皮箱、饮水站、厕所等。

⑤ 管理性园林建筑 主要由公园大门、办公室、实验室、变电室等。

⑥ 园林建筑小品 以装饰园林环境为主，注重外观形象的艺术效果，兼有一定使用功能。如园灯、园椅、展览牌、指示牌、景墙、雕塑、栏杆等。

⑦ 特殊性园林建筑——植物园的观赏温室、盆景园的陈列设施，动物园的禽兽笼舍，纪念性公园的馆、墓、碑、塔等。也可列入以上的管理性和游憩性园林建筑类型之中。

因现代园林建筑功能的综合、多样，其类型划分并不是绝对的，有的园林建筑可隶属于几种不同的类型，但大多数具有游憩性和服务性的功能。

1.5.2 游憩性园林建筑

主要指游览观光建筑及设施。

游览观光建筑不仅给游人提供游览休息赏景的场所，而且本身也是景点或成景的构图中心。包括亭、廊、榭、舫、厅、堂、楼阁、斋、馆、轩、码头、花架等。

1.5.3 服务性园林建筑

风景园林中的服务性建筑包括餐厅、酒吧、茶室、小吃部、接待室、小宾馆、小卖部、摄影部、售票房等。这类建筑虽然体量不大，但与人们密切相关，它们融使用功能与艺术造景于一体，在园林中起着重要的作用。

① 饮食业建筑　餐厅、食堂、酒吧、茶室、冷饮、小吃部等。这类设施近年来在风景区和公园内已逐渐成为一项重要的设施，该服务设施在人流集散、功能要求、服务游客、建筑形象等方面对景区有很大影响。

② 商业性建筑　商店或小卖部、购物中心。主要提供游客用的物品和糖果、香烟、水果、饼食、饮料、土特产、手工艺品等，同时还为游人创造一个休息、赏景之所。

③ 住宿建筑　有招待所、宾馆。规模较大的风景区或公园多设一个或多个接待室、招待所，甚至宾馆等，主要供游客住宿、赏景。

④ 摄影部、票房　主要是供应照相材料、租赁相机、展售风景照片和为游客室内、外摄影，同时还可扩大宣传，起到一定的导游作用。票房是公园大门或外广场的小型建筑，也可作为园内分区收票的集中点，常和亭廊组合一体，兼顾管理和游憩需要。

1.5.4　文化娱乐性园林建筑

① 科普展览建筑及设施　主要指园林中供历史文物、文学艺术、摄影、绘画、科普、书画、金石、工艺美术、花鸟鱼虫等展览的设施。如展览厅、阅览室、陈列室等。

② 文体游乐建筑及设施　主要指园林中的各类文体场地、露天剧场、游艺室、康乐厅、俱乐部、演出厅，各类体育场馆包括健美房、划船码头、游泳场、旱冰场等。

如跷跷板、荡椅、浪木、脚踏水车、转盘、秋千、滑梯、攀登架、单杠、脚踏三轮车、迷宫、原子滑车、摩天轮、观览车、金鱼戏水、疯狂老鼠、旋转木马、勇敢者转盘等。

1.5.5　公用性园林建筑

主要包括电话、通讯、导游牌、路标、停车场、存车处、供电及照明、供水及排水设施、供气供暖设施、标志物及果皮箱、饮水站、厕所等。

① 导游牌、路标　在园林各路口，设立标牌，协助游人顺利到达游览地点，尤其在道路系统较复杂，景点丰富的大型园林中，还起到点景的作用。

② 停车场、存车处　这是风景区和公园必不可少的设施，为了方便游人，常和大门入口结合在一起，但不应占用门外广场的位置。

③ 供电及照明设施　供电设施主要包括园路照明，造景照明，生活、生产照明，生产用电，广播宣传用电，游乐设施用电等。园林照明除了创造一个明亮的环境，满足夜间游园活动，节日庆祝活动以及保卫工作等要求以外，它更是创造现代化景观的手段之一。近年来，广西的芦笛岩、伊岭岩、江苏宜兴的善卷洞、张公洞等，国外的"会跳舞的喷泉"等，均突出地体现了园景用电的特点。园灯是园林夜间照明设施，白天具有装饰作用，因此各类园灯在灯头、灯柱、柱座（包括接线箱）的造型上，光源选择上，照明质量和方式上，都应有一定的要求。园灯造型不宜繁琐，可有对称与不对称，几何形与自然形之分。

④ 供水与排水设施　风景园林中用水有生活用水、生产用水、养护用水、造景用水和消防用水。一般水源有：引用原河湖的地表水；利用天然涌出的泉水；利用地下水；直接用城市自来水或设深井水泵吸水。给水设施一般有水井、水泵（离心泵、潜水泵）、管道、阀门、龙头、窨井、储水池等。消防用水为单独体泵，有备无患。景园造景用水可设循环设施，以节约用水。工矿企业的冷却水可以利用。水池还可和风景园林绿化养护用水结合，做到一水多用。山地园和风景区应设分级扬水站和高位储水池，以便引水上山，均衡使用。

风景园林绿地的排水，主要靠地面和明渠排水，暗渠、埋设管线只是局部使用。为了防止地表冲刷，需固坡及护岸，常采用固方、护土筋、水簸箕、消力阶、消力池、草坪护坡等措施。为了将污水排出，常使用化粪池、污水管渠、集水窨井、检查井、跌水井等设施。做为管渠排水体系有雨、污分流制，雨、污合流制，地面及管渠综合排水等方法。

⑤ 厕所　园厕是维护环境卫生不可缺少的，既要有其功能特征，外形美观，又不能喧宾夺主。要求有较好的通风、排污设备，应具有自动冲水和卫生用水设施。

1.5.6 管理性园林建筑

主要指园区的管理设施，以及方便职工的各种设施。

① 大门、围墙　大门在风景园林中突出醒目，给游人第一印象。依各类风景园林不同，大门的形象、内容、规模有很大差别，可分为以下几种形式：柱墩式、牌坊式、屋宇式、门廊式、墙门式、门楼式，以及其他形式的大门等。

② 其他园林管理建筑施　办公室、广播站、宿舍食堂、医疗卫生、治安保卫、温室凉棚、变电室、垃圾污水处理场等。

1.5.7 园林建筑小品

园林建筑小品是园林中体量小巧、功能简明、造型别致、富有情趣、选址恰当的精美建筑物，其内容丰富，在园林中起点缀环境、活跃景色、烘托气氛、加深意境的作用。

要求园林建筑小品舒适坚固，构造简单，制作方便，与周围环境相协调，点缀风景，增加趣味。

园林建筑小品分类如下：

① 休憩性小品　供游人坐息、赏景之用，包括各种造型的靠背园椅、凳、桌和遮阳的伞、罩等。一般布置在安静休息，景色良好以及游人需要停留休息的地方。在满足美观和功能的前提下，结合花台、挡土墙、栏杆、山石等而设置。

② 装饰性小品　各种固定的和可移动的花钵、饰瓶，可以经常更换花卉；装饰性的日晷、香炉、水缸，各种景墙（如九龙壁）、景窗等，在园林中起点缀作用。

雕塑有表现景园意境、点缀装饰风景、丰富游览内容的作用，大致可分为三类：纪念性雕塑、主题性雕塑、装饰性雕塑。现代环境中，雕塑逐渐被运用在景园绿地的各个领域中。除单独的雕塑外，还可结合建筑、假山和小型设施设置。

③ 照明性小品　园灯的基座、灯柱、灯头、灯具都有很强的装饰作用。

④ 展示性小品　各种布告板、导游图板、指路标牌以及动物园、植物园和文物古建筑的说明牌、阅报栏、展览牌、宣传牌、图片画廊等，都对游人有宣传、教育的作用。

⑤ 服务性小品　如为游人服务的饮水泉、洗手池、公用电话亭、时钟塔等；为保护园林设施的栏杆、格子垣、花坛绿地的边缘装饰等；为保持环境卫生的废物箱等。

第 2 章
园林建筑设计方法与技巧

任何一种建筑设计都是为了满足某种物质和精神的功能需要，采用一定的物质手段来组织特定的空间。建筑空间是建筑功能与工程技术和艺术技巧相结合的产物，都需要符合适用、坚固、经济、美观的原则；同时，在艺术构图技法上都要遵循统一与变化、对比与微差、节奏与韵律、均衡与稳定，比例与尺度等原则。因此，从这一层面来讲，园林建筑遵循建筑设计的基本方法。

但是由于园林建筑在物质和精神功能方面的特点，及其用以围合空间的手段与要求，又使得它与其它建筑类型在处理上表现出许多不同之处。

第一，艺术性要求高：园林建筑具有较高的观赏价值并富于诗情画意，因此，比一般建筑更为强调组景立意，尤其强调景观效果和艺术意境的创造，立意好坏对于整个设计成败至关重要。

第二，布局灵活性大：由于园林建筑受到休憩游乐生活多样性的影响，建筑类型多样化；加之处于真山真水的大自然环境中，布局灵活，所谓"构园无格"。与其它建筑类型相比更强调建筑选址与布局经营。

第三，时空性：为适合游客动中观景的需要，务求景色富于变化，做到步移景异。因此，推敲空间序列，空间处理与组织游览路线，增强园林建筑的游赏性，比其它类型建筑更为突出。

第四，环境协调性：园林建筑是园林与建筑的有机结合，园林建筑设计应有助于增添景色，并与园林环境协调。《园冶》"兴造论"中也说：园林建筑必须根据环境特点"随曲合方"、"巧而得体"，园林建筑的体量形式、材质与色彩等方面应与自然山石、水面、绿化结合，协调统一，并将筑山、理水、植物配置手段与建筑的营建密切配合，构成一定的景观效果。

以上四点是园林建筑与其它建筑类型不同的地方。因此，园林建筑除遵循建筑设计的基本方法外，在设计手法和技巧上更为强调立意、选址、布局、空间序列、造景等方法的运用。

2.1 园林建筑各组成部分的设计

园林中的园林建筑，往往是由多个建筑单体组合而成建筑群体。就建筑单体设计而言，任何一幢建筑单体都是由三类空间组成：房间、交通联系空间及其它部分（露台、阳台、庭院）。

以展览馆为例（详见本书第3章），其中房间包括展览室、接待室、贮藏室、服务室、宿舍、会议室、办公室、厕所；交通联系空间包括门厅、休息敞厅、架空层；其它部分包括平台、庭院。

以餐厅接待室为例（详见本书第3章）其中房间包括餐室、厨房、贮藏室、接待室、服务间、备餐间；交通联系空间包括敞厅、廊子；其它部分包括阳台、露台、后院。

一幢建筑由各类空间构成，各类空间的功能要求和设计方法各不相同。显然，这是建筑设计时需解决的首要问题。

2.1.1 房间的设计

2.1.1.1 房间设计应考虑的因素
① 使用要求

a. 使用性质　使用性质指房间的使用功能，如满足就寝功能的卧室、就餐的餐厅、会客的起居室、食品加工的厨房、洗涤淋浴的卫生间等，不同性质的房间功能不同，家具设备布置亦不同，因此，房间的开间、进深大小亦各不相同。

　　b. 使用对象、使用方式、使用人数　即使是相同性质的房间，由于使用对象、方式、人数不同，则房间的平面布局也不相同。例如同是满足就寝的功能，旅馆的客房、宿舍的寝室、住宅的卧室由于使用对象、方式、人数不同，因此房间的现状、大小、空间高低、内部布置亦不相同。

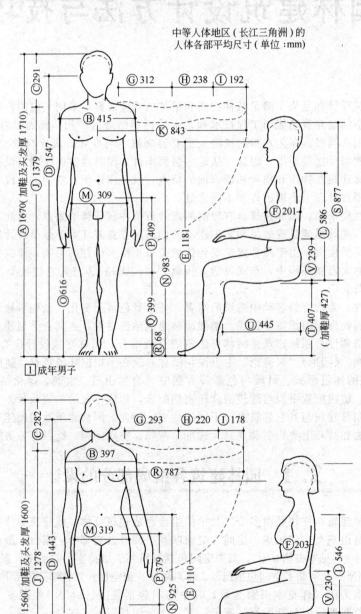

图 2-1　人体基本尺度

② 基本家具、设备尺寸、活动空间

a. 人体基本尺度 人体尺度决定家具设备尺寸（图 2-1）。在建筑设计中确定人们活动所需的空间尺度时，应照顾到男女不同人体身材的高矮的要求，对于不同情况可按以下三种人体尺度来考虑：

应按较高人体考虑的空间尺度，采用男子人体身高幅度的上限 1.74m 考虑，另加鞋厚 20mm。例如：楼梯顶高、栏杆高度、阁楼及地下室的净高、个别门洞的高度、淋浴喷头的高度、床的长度等；应按较低人体考虑的空间尺度，采用女子的人体平均身高 1.56m 考虑，另加鞋厚 20mm。例如：楼梯踏步、碗柜、阁板、挂衣钩、操作台、案板以及其它空间设置物的高度；一般建筑内部使用空间的尺度应按我国成年人的平均身高——女子平均身高 1.56m、男子平均身高 1.67m 来考虑，另加鞋厚 20mm。例如：展览建筑中考虑的人的视线时、公共建筑中成组的人活动使用时以及普通桌椅的高度等。

b. 人体基本动作尺度 人体活动所占用的空间尺度是确定建筑内部各种空间尺度的主要依据（图 2-2）。

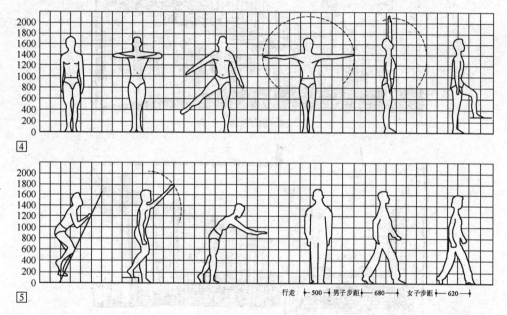

图 2-2　人体的基本动作尺度（单位：mm）

c. 房间的良好比例 使用面积相同的房间，可以设计成不同的比例。但是，如果房间的长宽比大于 2：1，则显得过于狭长，使用也不方便。因此，除了库房、卫生间、设备用房等辅助用房外，一般房间的适宜比例为 1：1～1：1.5。

③ 人流路线和交通疏散 室内的人流路线主要联系门洞和家具设备。房间的开间、进深尺寸及门洞的位置，影响家具设备的布置。房间设计时应仔细推敲，尽量减少交通面积，提高房间的使用效率。通常比例狭长的房间往往交通面积大，使用效率低。房间的出入口较多时，应注意将门洞尽量集中，减少交通面积，并留出完整的墙面以利于家具的布置。

④ 自然采光要求

a. 采光形式决定采光效果 窗的大小、位置、形式直接决定使用空间内的采光效果。采光形式有侧面采光、顶部采光和综合采光（图 2-3）。就采光效果来看，竖向长窗容易使房间深度方向照度均匀；横向长窗容易使房间宽度方向照度均匀。为了使房间最深处有足够的照度，房间进深应小于或等于采光口上缘高度的二倍（图 2-4）。

b. 采光口大小 为满足使用上的采光要求，采光口大小应根据采光标准确定。实际工作中规定了不同类别房间的采光等级及相应的窗地面积比。窗地面积比指侧采光窗口的总透光面积与

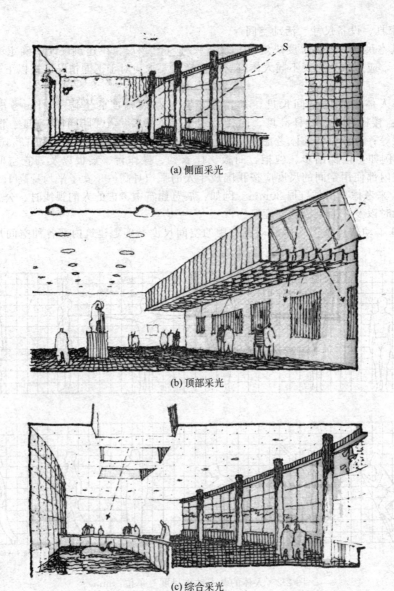

(a) 侧面采光

(b) 顶部采光

(c) 综合采光

图 2-3 采光形式

地板净面积之比值。

⑤ 热工和通风要求

a. 热工要求 由于室外气候因素（太阳辐射、空气温湿度、风、雨、雪等）以及使用空间内空气温湿度的双重作用，直接影响了建筑空间室内小气候。为保证室内空间正常的温湿度，满足人们使用要求，寒冷地区建筑主要考虑冬季保暖，应采取保温措施，以减少热损失；炎热地区建筑则要防止夏季室内过热，必须采取隔热措施（图 2-5）。

b. 通风要求 除容纳大量人流或要求密闭使用的房间（如观演厅）及无法获得自然通风的房间（如不能开窗的卫生间）考虑机械通风外，其余房间应尽量争取自然通风，以节省能耗。可利用门窗组织自然通风。门窗的位置、高低、大小等不同，自然通风的效果差异很大。为取得良好的通风效果，在一个使用空间内，应在两个或两个以上的方向设置进出风口；使气流经过的路线尽可能长，影响范围尽可能大；应尽量减少涡流面积（图 2-6）。当墙体一侧临走道、不便开窗时，可增设高窗（图 2-7）。厨房等热加工间可增设排气天窗、抽风罩改善通风换气效果。

⑥ 艺术要求 由于建筑所具有的物质和精神的双重功能，使用空间设计必须考虑内部空间

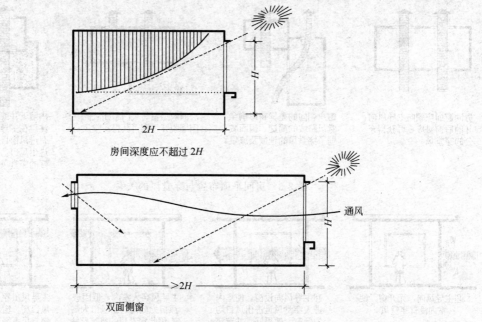

房间深度应不超过2H

双面侧窗

图2-4　房间进深与照度均匀

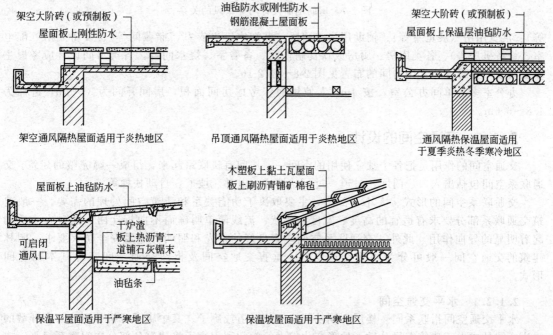

架空大阶砖(或预制板)
屋面板上刚性防水

油毡防水或刚性防水
钢筋混凝土屋面板

架空大阶砖(或预制板)
屋面板上保温层油毡防水

架空通风隔热屋面适用于炎热地区

吊顶通风隔热屋面适用于炎热地区

通风隔热保温屋面适用
于夏季炎热冬季寒冷地区

屋面板上油毡防水

可启闭
通风口

干炉渣
板上热沥青二
道铺石灰锯末

油毡条

木塑板上黏土瓦屋面
板上刷沥青铺矿棉毡

保温平屋面适用于严寒地区

保温坡屋面适用于严寒地区

图2-5　屋顶通风与保温隔热层

的构图观感，需认真处理空间的尺度和比例以及各界面的材料、色彩、质感等。

有些特殊性质的房间（如观演性质的房间和大空间的房间），除考虑以上因素外，还需考虑视线和音响要求、材料和结构的经济合理性等其它方面的要求。

2.1.1.2　不同类型的房间设计

园林建筑中常见的房间类型有生活用房（值班室、宿舍、客房、休息室和接待室等）、办公管理用房（办公室、会议室、售票室等）、商业用房（餐厅或饮食厅、营业厅、小卖部、摄影部

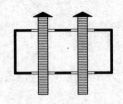 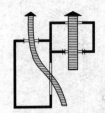 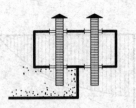 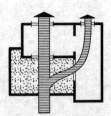

房间窗面应朝向主导风向，并前后窗对应，可获得充分的穿堂风。

窗户朝向的差异将影响穿堂风路线的简捷，因而减弱了穿堂风的速度及流量。

房间应尽量与大门封闭式的围墙脱开，则可获得穿堂风

内墙天井或局部的房间应注意在主导风向的院墙留进进风窗口，并合理布置进出风口，同样能获得良好的穿堂风。

图 2-6　房间平面布置与穿堂风的关系

 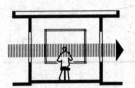 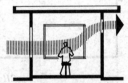 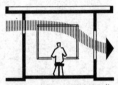

迎主导风向，无开窗，使室内没有穿堂风。

迎主导风向设窗，使室内进入穿堂风且进出风口均为低窗，效果好，并有穿堂风穿越工作范围。

主导风穿入室内，但因进风口为低窗，出风口为高窗，因此穿堂风的气流路线曲折，风速大为减弱，但穿堂风仍穿越工作范围。

主导风虽穿入室内但因进风口高，窗出风口为低窗，穿堂风不经过工作范围

图 2-7　房间剖面设计与穿堂风的关系

等）、展览用房（展览室等）、辅助用房（厕所、淋浴室、更衣室、储藏间等）、设备用房（配电室、设备机房等）、各类库房、厨房或饮食制作间、备餐室、烧水间等。各类房间设计应考虑主要家具及布置形式，常用房间的布置见图 2-8～图 2-16。

办公室多为单间办公室，按 $4m^2/$人使用面积考虑房间面积，房间开间为 3～6m，进深为 4.8～6.6m。

2.1.2　交通空间的设计

交通空间的作用是把各个独立使用的空间——房间有机联系起来，组成一幢完整的建筑。交通联系空间包括出入口、门厅、过道、过厅、楼梯、电梯、坡道、自动扶梯等。

交通联系空间的形式、大小、部位，主要取决于功能关系和建筑空间处理的需要。一般建筑交通联系部分要求有适宜的高度、宽度和形状，流线简单明确而不曲折迂回，能对人流活动起着明显的导向作用。此外，交通联系空间应有良好的采光和照明，满足安全防火要求。园林建筑的交通空间一般可分为水平交通空间、垂直交通空间及枢纽交通空间三种基本的空间形式。

2.1.2.1　水平交通空间

水平交通空间指联系同一楼层不同功能房间的过道或廊子。其中廊子特指单面或双面开敞的走道。园林中由于建筑布局分散，地形变化较大，常常利用廊子将建筑各部分空间联系起来，或单面空廊、双面空廊、复廊，或直廊、曲廊，或水廊、桥廊、跌落廊、爬山廊，与庭院、绿化、水体紧密结合，创造出步移景异的空间效果。

① 按使用性质的不同，可分为：

a. 完全为交通联系需要而设的过道或廊子　如旅馆、办公楼等建筑的过道，主要满足人流的集散使用的，一般不做其它功能使用，保证安全防火的疏散要求。

b. 除作为交通联系空间外，兼有一种或多种综合功能使用的过道或廊子　如某些展室、温室、盆景园的过道或廊子，满足观众在其中边走边看的功能。又如园林中的廊子，常常根据观赏

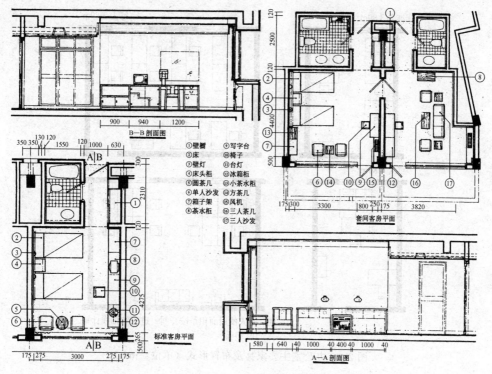

①壁橱	⑨写字台
②床	⑩椅子
③壁灯	⑪台灯
④床头柜	⑫冰箱柜
⑤圆茶几	⑬小茶水柜
⑥单人沙发	⑭方茶几
⑦箱子架	⑮风机
⑧茶水柜	⑯三人茶几
	⑰三人沙发

图 2-8　旅馆标准间主要家具及布置形式（单位：mm）

景色的需求，设置单面空廊或双面空廊。廊子一面或两面开敞，开敞面常设坐凳栏杆（或靠背栏杆等）满足游人驻足休息的要求。

② 过道的宽度和长度　过道的宽度和长度主要考虑交通流量、过道性质、防火规范、空间感受等因素。

a. 过道宽度的确定　专为人通行之用的过道，其宽度可考虑人流通行的股数、单股人流肩的宽度 550mm、加上空隙（考虑人行走时的摆幅 0～150mm）而定。因此，建筑走廊的最小净宽度为 1.1m；一般建筑室内走道 2.1m 宽（按轴线计），外廊 1.8m 宽（按轴线计）。而携带物品的人流、运送物件的过道，则需根据携带和运送物品的尺寸和需要来具体确定。兼有多种功能的过道，则应根据服务功能及使用情况来综合决定。当过道过长、过道两侧的门向过道开启、过道有人流交叉及对流情况时，过道需适当放宽。

b. 过道长度的控制　应根据建筑性质、耐火等级、防火规范以及视觉艺术等方面的要求而定。根据现行《建筑设计防火规范》规定，对于耐火等级为一、二级的一般建筑，位于两个安全出口之间的疏散门至最近安全出口的最大距离为 40m，位于带形走道两侧或尽端的疏散门至最近安全出口的最大距离为 22m（表 2-1）（具体规定详见《建筑设计防火规范》），按照上述规定也就可以确定不同情况下的过道的极限长度（图 2-17、图 2-18）。

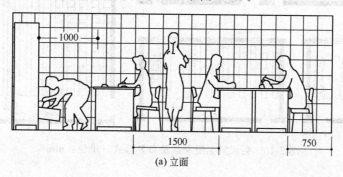

(a) 立面

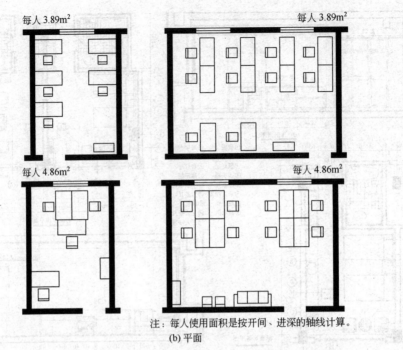

注：每人使用面积是按开间、进深的轴线计算。

(b) 平面

图 2-9　办公室主要家具及布置形式（单位：mm）

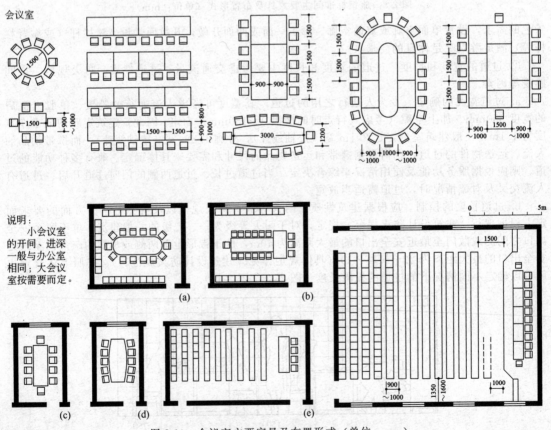

会议室

说明：
　　小会议室的开间、进深一般与办公室相同；大会议室按需要而定。

(a)　(b)　(c)　(d)　(e)

图 2-10　会议室主要家具及布置形式（单位：mm）

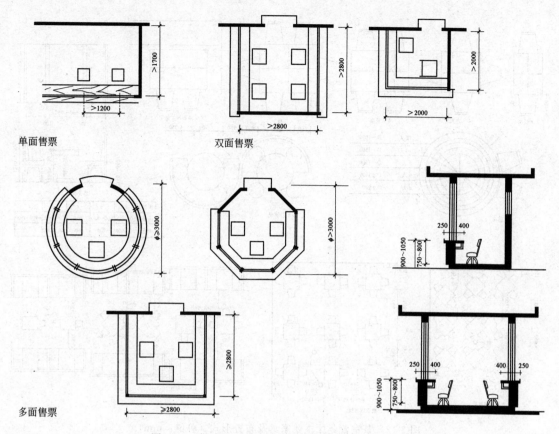

图 2-11　售票室主要家具及布置形式（单位：mm）

表 2-1　直接通向疏散走道的房间疏散门至最近安全出口的最大距离　　单位：m

名　　称	位于两个安全出口之间的疏散门			位于袋形走道两侧或尽端的疏散门		
	耐火等级			耐火等级		
	一、二级	三级	四级	一、二级	三级	四级
托儿所、幼儿园	25	20	—	20	15	—
医院、疗养院	35	30	—	20	15	—
学校	35	30	—	22	20	—
其它民用建筑	40	35	25	22	20	15

　　注：1. 一、二级耐火等级的建筑物内的观众厅、展览厅、多功能厅、餐厅、营业厅和阅览室等，其室内任何一点至最近安全出口的直线距离不宜大于 30m。

　　2. 敞开式外廊建筑的房间疏散门至安全出口的最大距离可按本表增加 5m。

　　3. 建筑物内全部设置自动喷水灭火系统时，其安全疏散距离可按本表和本表注 1. 的规定增加 25%。

　　4. 房间内任一点到该房间直接通向疏散走道的疏散门的距离计算：住宅应为最远房间内任一点到户门的距离，跃层式住宅内的户内楼梯的距离可按其梯段总长度的水平投影尺寸计算。

　　③ 过道的采光和通风　过道一般应考虑直接的自然采光和自然通风。单面走道的建筑自然采光或通风较易解决，而双面走道的建筑，可以通过尽端开口直接采光，或利用门厅、楼梯间、敞厅、过厅的光线采光，或利用两侧房间的玻璃门、窗子、高侧窗间接采光（图 2-19）。

2.1.2.2　垂直交通空间

　　垂直交通空间指联系不同楼层的楼梯、坡道、电梯、自动扶梯等。园林建筑中常见的垂直交通空间有楼梯、坡道。

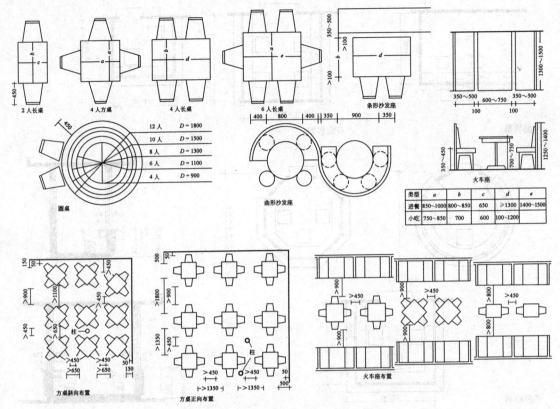

图 2-12　茶室营业厅主要家具及布置形式（单位：mm）

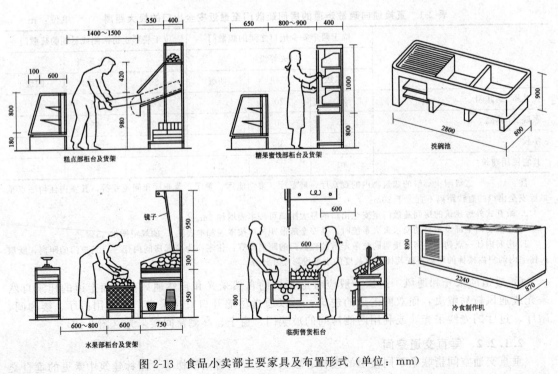

图 2-13　食品小卖部主要家具及布置形式（单位：mm）

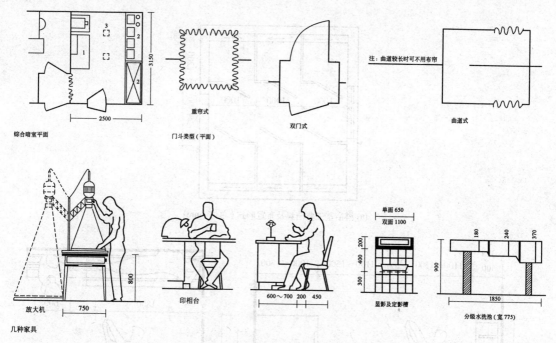

图 2-14　摄影部主要家具及布置形式（单位：mm）

① 楼梯　楼梯的位置和数量，应根据功能要求和防火规定，安排在各层的过厅、门厅等交通枢纽或靠近交通枢纽的部位。

a. 楼梯设计的一般规定　楼梯各部位名称如下（图 2-20）。

根据现行的《民用建筑设计通则》楼梯设计规定如下：

ⅰ. 梯段宽度　不少于两股人流，按每股人流为 0.55＋（0～0.15）m 的人流股数确定，0～0.15m 为人流在行进中人体的摆幅，人流众多的场所应取上限值；

ⅱ. 平台最小宽度　楼梯改变方向时，扶手转向端处的平台最小宽度不应小于梯段宽度，并不得小于 1.20m；

ⅲ. 梯段踏步数　每个梯段的踏步不应超过 18 级，亦不应少于 3 级；

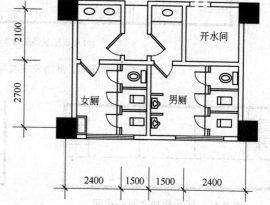

图 2-15　卫生间主要洁具及布置形式（单位：mm）

ⅳ. 梯段净高　梯段净高不宜小于 2.2m，楼梯平台上部及下部过道处的净高不应小于 2m；

ⅴ. 室内楼梯扶手高度　自踏步前缘线量起不宜小于 0.90m；

ⅵ. 楼梯踏步最小宽度和最大高度要求见表 2-2；

表 2-2　楼梯踏步最小宽度和最大高度要求

单位：m

楼梯类别	最小宽度	最大高度
旅馆	0.28	0.16
住宅共用楼梯	0.26	0.175
一般楼梯	0.26	0.17
专用疏散楼梯	0.25	0.18
专用服务楼梯、住宅户内楼梯	0.22	0.2

ⅶ. 螺旋楼梯和弧形楼梯　无中柱的螺旋楼梯和弧形楼梯离内侧扶手 0.25m 处的踏步宽度不

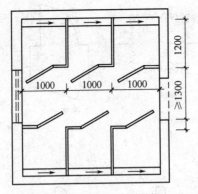

(a) 淋浴室主要洁具及布置形式（单位：mm）

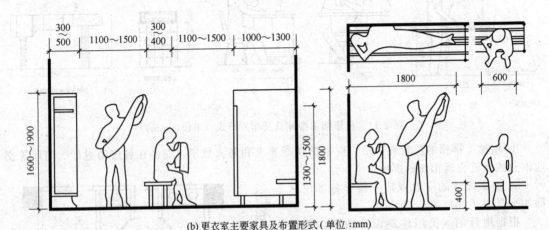

(b) 更衣室主要家具及布置形式（单位：mm）

图 2-16 更衣室、淋浴室主要家具及布置形式（单位：mm）

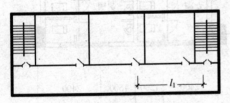

图 2-17 两个楼梯之间的房间

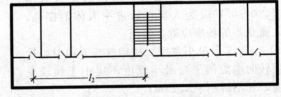

图 2-18 袋形走道的房间

应小于 0.22m（图 2-21）。

b. 楼梯分类 楼梯根据功能性质、设置位置分为主要楼梯、次要楼梯、辅助楼梯和防火楼梯。

c. 楼梯形式 常用的楼梯形式有直跑楼梯、双跑楼梯和三跑楼梯。楼梯形式的选用，主要依据使用性质和重要程度。直跑楼梯具有方向单一和贯通空间的特点，常布置在门厅对称的中轴线上，以表达庄重严肃的空间效果。有时大厅的空间气氛不那么严肃，也可结合人流组织和室内空间构图，设于一侧作不对称布置，以增强大厅空间的艺术气氛。直跑楼梯可以单跑或双跑。双跑楼梯和三跑楼梯一般用于不对称的布局，既可用于主要楼梯，也可用于次要位置作辅助楼梯（图 2-22）。

除此之外，在园林建筑中为了贯通空间，常常设置开敞式楼梯（即无维护墙体，楼梯直接敞向室内中庭或室外庭院），如双跑悬梯、双跑转角楼梯（图 2-23）、旋转楼梯、弧形楼梯等，以活跃气氛和增加装饰效果。

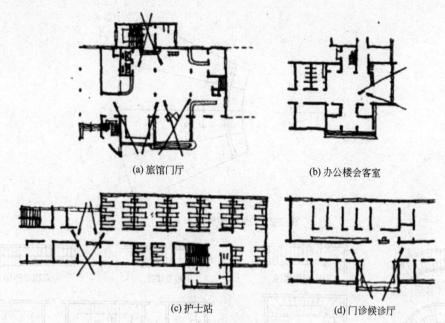

(a) 旅馆门厅

(b) 办公楼会客室

(c) 护士站

(d) 门诊候诊厅

图 2-19 交通空间采光措施示例

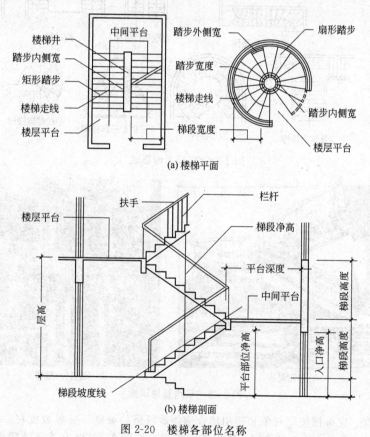

(a) 楼梯平面

(b) 楼梯剖面

图 2-20 楼梯各部位名称

　　d. 楼梯数量　基于防火疏散的要求，一般建筑中至少需设置两部楼梯。但是根据《建筑设计防火规范》规定：不超过三层的建筑，当每层建筑面积不超过 500m² ，且二、三层人数之和不超过 100 人时，可设一个疏散楼梯。

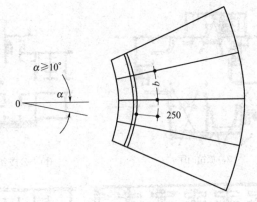

图 2-21 螺旋楼梯踏步关系

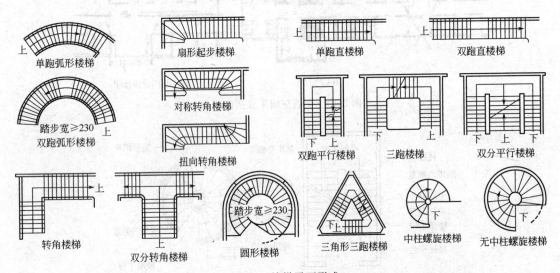

单跑弧形楼梯　　扇形起步楼梯　　单跑直楼梯　　双跑直楼梯

踏步宽≥230
双跑弧形楼梯　　对称转角楼梯

扭向转角楼梯　　双跑平行楼梯　　三跑楼梯　　双分平行楼梯

转角楼梯　　双分转角楼梯　　踏步宽≥230 圆形楼梯　　三角形三跑楼梯　　中柱螺旋楼梯　　无中柱螺旋楼梯

图 2-22　楼梯平面形式

(a) 双跑悬梯

(b) 双跑转角楼梯

图 2-23　双跑悬梯示意

　　e. 楼梯坡度　应根据使用对象和使用场合选择最舒适的坡度。一般坡度在 20°以下时，适于做坡道及台阶；坡度在 20°~45°之间适于做室内楼梯；坡度在 45°以上适于做爬梯；楼梯最舒适坡度是 30°左右。

　　② 坡道　坡道用于人流疏散，最大的特点是安全和迅速。有时建筑因某些特殊的功能要求，在出入口前设置坡道，解决汽车停靠或货物搬运的问题。坡道的坡度一般为 8%~15%，在人流

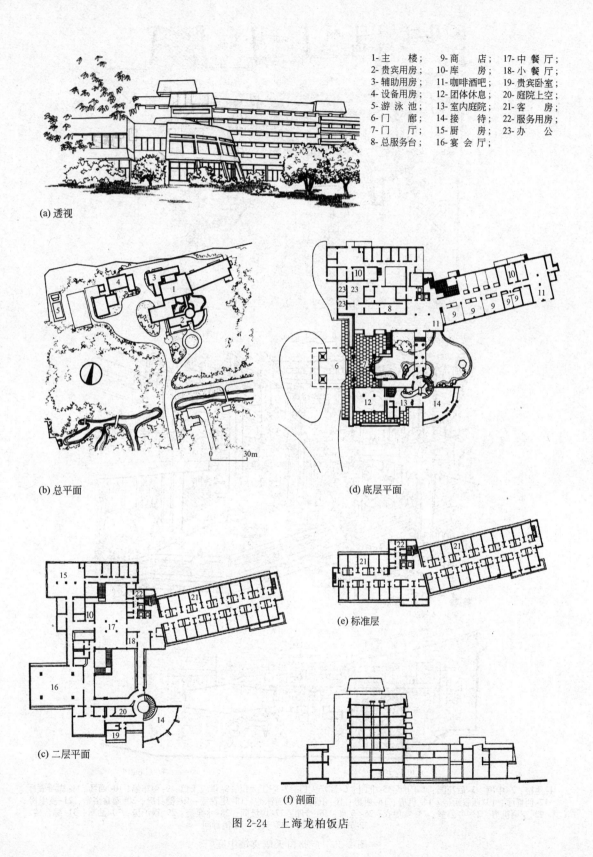

1-主　楼; 9-商　店; 17-中 餐 厅;
2-贵宾用房; 10-库　房; 18-小 餐 厅;
3-辅助用房; 11-咖啡酒吧; 19-贵宾卧室;
4-设备用房; 12-团体休息; 20-庭院上空;
5-游泳池; 13-室内庭院; 21-客　房;
6-门　廊; 14-接　待; 22-服务用房;
7-门　厅; 15-厨　房; 23-办　公
8-总服务台; 16-宴 会 厅;

(a) 透视

(b) 总平面

(d) 底层平面

(c) 二层平面

(e) 标准层

(f) 剖面

图 2-24　上海龙柏饭店

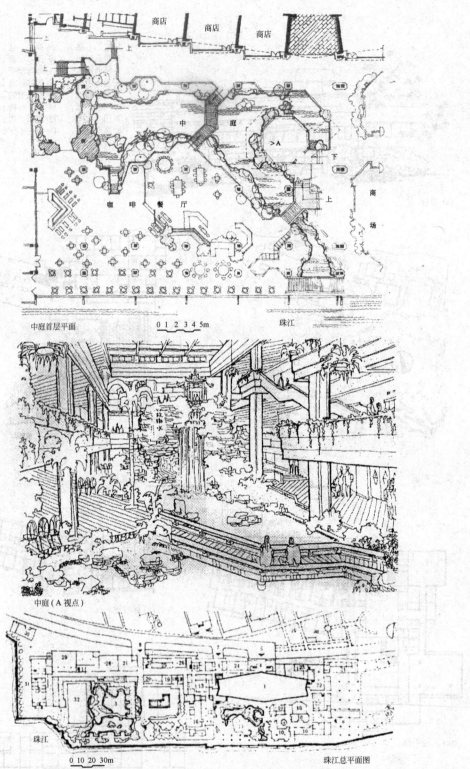

中庭首层平面　　　0 1 2 3 4 5m　　　珠江

中庭（A 视点）

0 10 20 30m　　　珠江总平面图

1- 主楼；2- 中庭；3- 后花园；4- 门厅；5- 北门；6- 商场入口；7- 职工入口；8- 供应入口；9- 停车场；10- 商场；11- 咖啡餐厅；
12- 西餐厅；13- 西餐厨房；14- 机房；15- 厨房；16- 午餐；17- 游泳池；18- 更衣室；19- 健身房；20- 桑拿浴室；21- 变电房；
22- 空调机房；23- 办公室；24- 女更衣；25- 仓库；26- 冷库；27- 垃圾间；28- 水泵房；29- 锅炉房；30- 油库；31- 综合楼；
32- 草坪、网球场；33- 粪便污水消毒间

图 2-25　广州白天鹅宾馆中庭

比较集中的部位，则需要平缓一些，常为 6%～12%。具体要求如下：室内坡道坡度不宜大于1：8；室外坡道坡度不宜大于1：10；供轮椅使用的坡道坡度不应大于1：12。室内坡道水平投影长度超过 15m 时，还需设休息平台。因为坡道所占的面积较大，出于经济的考虑，除非特殊需要，一般室内很少采用。此外，坡道设计还应考虑防滑措施。

2.1.2.3　枢纽交通空间

枢纽交通空间指因人流集散、方向转换及各种交通工具的衔接等需要而设置的出入口、过厅、中厅等。其在建筑中起交通枢纽和空间过渡作用。

① 出入口　建筑的主要出入口是室内外空间联系的咽喉、吞吐人流的中枢，入口空间往往是建筑空间处理的重要部位。

a. 主要出入口的位置　一般将主要出入口布置在建筑的主要构图轴线上，成为建筑构图的中心，并朝向人流的主要来向上。

b. 出入口的数量　根据建筑的性质、按不同功能的使用流线分别设置。通常，建筑一般至少设两个安全出入口，一个是满足客流需要的主要出入口，另一个则是作为内部使用的次要出入口。只有当使用人数较少、每层最大建筑面积符合《建筑设计防火规范》要求时，可设一个安全出入口。

c. 出入口的组成　园林建筑出入口部分主要由门廊、门厅及某些附属空间所组成。

门廊是建筑室内外空间的过渡，起遮阳、避雨以及满足观感上的要求。其形式有开敞式和封闭式两种。开敞式多用于南方地区，封闭式多用于寒冷地区。开敞式和封闭式门廊均可处理成凸出建筑的凸门廊（凸门斗）或凹入建筑的凹门廊（凹门斗）。

门厅是建筑主要出入口处内外过渡、人流集散的交通枢纽。园林建筑中的门厅除交通联系作用外，还兼有适应适应建筑类型特点的其它功能如：接待、等候、休息、展览等（图 2-24）。门厅设计要求导向性明确，即人们进入门厅后，能比较容易地找到各道口、楼梯口，并能辨别各过道、楼梯的主次。因此，应合理组织好各个方向的交通路线，尽可能减少各类人流之间的相互干扰和影响。门厅布局有对称和不对称两种，可根据建筑性质和具体情况分别采用。

② 过厅　过厅是走道的交会点，或作为门厅的人流再次分配的缓冲和扩大地带，在不同大小和不同功能的空间交接处设置过厅可起到空间过渡作用。

③ 中庭　中庭指设在建筑物内部的庭园，通常设置玻璃顶盖以避风雨，在中庭内设楼梯、露明电梯、自动扶梯等垂直交通联系工具而成为整幢建筑的交通枢纽空间，同时亦作为人们憩息、观赏和交往的共享空间。中庭常用于宾馆、办公等各类建筑中，如广州白天鹅宾馆中庭（图 2-25）。

2.2　园林建筑空间组合

在掌握不同功能空间的设计方法的基础上，应考虑如何将不同的空间组合成一幢完整的建筑，这就涉及空间组合时需遵循的基本原则、空间组合形式方面的问题。

2.2.1　空间组合原则

在进行园林空间组合时，应遵循功能分区合理、流线组织明确、空间布局紧凑、结构选型合理、设备布置恰当、体型简洁与构图完整六大基本原则。

2.2.1.1　功能分区合理

功能分区是进行单体建筑空间组合时首先必须考虑的问题。对一幢建筑来讲其功能分区是将组成该建筑的各种空间，按不同的功能要求进行分类，并根据它们之间的密切程度加以划分与联系，使功能分区明确又联系方便，一般用简图表示各类空间的关系和活动顺序，如茶室功能关系图（图 2-26），具体进行功能分区时，应考虑空间的主与次、闹与静、内与外。

① 空间的主次　在进行空间组合时，不同功能的房间对空间环境的要求常存在差别，反映在位置、朝向、采光及交通联系等方面，应有主次之分。因此，要把主要的使用空间，布置在主

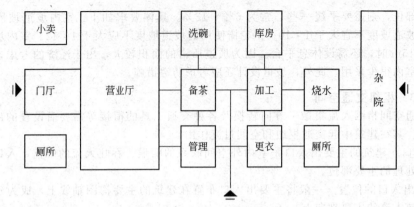

图 2-26　茶室功能关系图

要部位上，而把次要的使用空间安排在次要的位置上，使空间在主次关系上各得其所。如苏州东园茶室，在平面布局中，应把茶室、露天茶座、接待室布置在主要的位置上（景观、朝向较好），而把水灶、烧火、值班、储藏等辅助部分布置在次要的部位（景观、朝向相对较差，位置较隐蔽），使之达到分区明确，联系方便的效果（图 2-27）。另外，有些组成部分虽系从属性质，但从人流活动的需要上看，应安排在明显易找的位置，如餐厅的售票室、茶室的小卖部、展览建筑的门卫及值班室等，往往设于门厅等主要空间中或朝向主要人流来向设置。

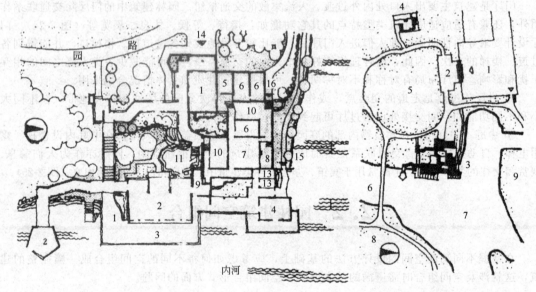

1- 小卖部；2- 茶室；3- 露天茶座；4- 接待；5- 值班；
6- 贮藏；7- 水灶间；8- 烧火；9- 工作间；10- 内院；
11- 水池；12- 露台；13- 厕所；14- 入口；15- 接待室
入口；16- 服务入口

1- 广场；2- 东园大门；3- 茶室；
4- 明轩；5- 桃园；6- 桥；7- 内河；
8- 山林；9- 动物园

图 2-27　苏州东园茶室

② 空间的"闹"与"静"　一幢建筑中，常常有些房间功能要求比较安静，布置在隐蔽的部位（如旅馆的客房），而有些房间的功能则要求空间开敞、与室外活动场所联系方便、便于人流集中而相对吵闹。在处理时应使不同功能房间按照"闹"与"静"分类，各类相对集中，力求闹静分区明确，不至于相互产生干扰和影响，使其各得其所。如武夷山天游观茶室，将茶厅设于一层，客房设于二层，在垂直方向上进行动静分区（图 2-28）。

③ 空间联系的"内"与"外"　不同功能的房间有的功能以对外联系为主，有的则与内部关系密切。以茶室为例，厨房和辅助部分（备餐、各类库房、办公用房、工作人员更衣、厕所及淋

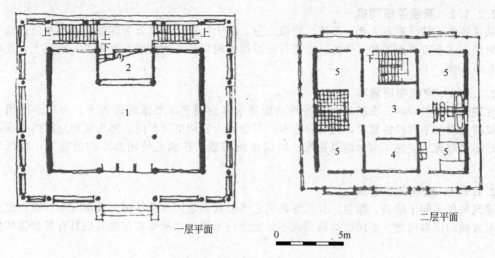

一层平面

二层平面

0　　　　5m

1- 茶座休息厅；2- 小卖部；3- 休息厅；4- 过厅；5- 客房

图 2-28　武夷山天游观茶室

浴室等）是对内的，而茶厅及公用部分（出入口、小卖部）是对外的，是顾客主要使用的空间。按人流活动的顺序，在总平面布局中，常将对外联系部分尽量结合建筑主要出入口布置；而对内联系的部分则尽可能靠近内部区域和相对隐蔽的部位，另设次入口。但有时由于场地限制，主、次出入口同处一个方位并且距离很近时，可以通过绿化、山石、矮墙等建筑小品作为障景手段，使功能分区的内外部分既联系又分割，处理得灵活而自然，如杭州灵隐冷泉茶室、如意斋（图 2-29）。

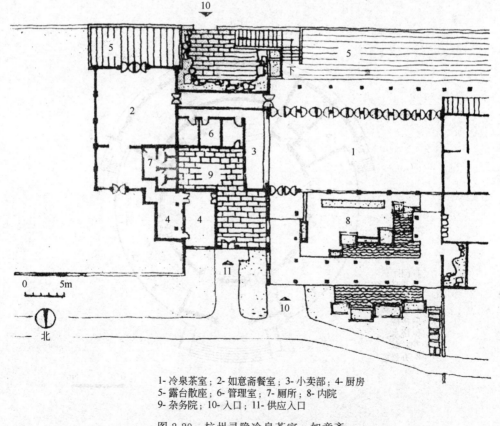

0　　　5m

北

1- 冷泉茶室；2- 如意斋餐室；3- 小卖部；4- 厨房
5- 露台散座；6- 管理室；7- 厕所；8- 内院
9- 杂务院；10- 入口；11- 供应入口

图 2-29　杭州灵隐冷泉茶室、如意斋

2.2.1.2 流线组织明确

从流线组成情况看有人流、车流、货流之分，其中人流又可以分为客流、内部办公人流；从流线组织方式看有平面的和立体的。在进行流线组织时应使各种流线在平面上、空间上，互不交叉、互不干扰。

2.2.1.3 空间布局紧凑

在进行空间组合时，在满足上述各种功能要求和空间艺术要求的前提下，力求空间组合紧凑，提高使用效率和经济效果，主要方法有：尽量减少使用空间开间、加大使用空间的进深；利用过道尽端布置大空间，缩短过道长度；增加建筑层数；在满足使用要求的前提下，降低建筑层高。

2.2.1.4 结构选型合理

建筑创作不同于绘画、雕塑、音乐等其它艺术形式，它还涉及结构、设备（水、暖、电）工程技术方面的诸多问题。不同的结构形式不仅能适应不同的功能要求，而且也具有各自独特的表

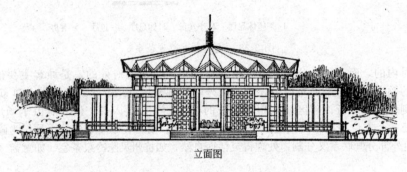

立面图

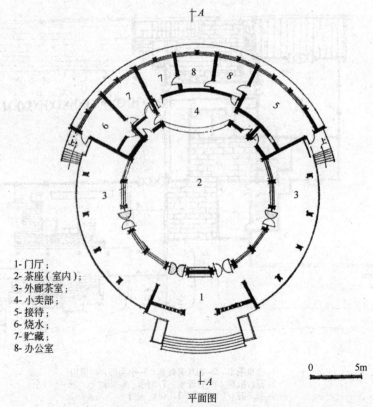

1-门厅；
2-茶座（室内）；
3-外廊茶室；
4-小卖部；
5-接待；
6-烧水；
7-贮藏；
8-办公室

0   5m

平面图

图 2-30　青岛中山公园茶室

现力，巧妙地利用结构形式，往往能创造出丰富多彩的建筑形象。了解园林建筑中常见的结构形式，利于在方案设计中选择合理的结构支撑体系，为建筑造型创作提供条件，避免所设计的建筑形象出现不现实、不可实现的"空中楼阁"的问题。

园林建筑常见的结构形式，基本上可以概括为以下三种主要类型；即：混合结构、框架结构和空间结构。除此之外，还有轻型钢结构、钢筋混凝土仿木结构等类型。

① 混合结构　由于园林建筑多数房间不大、层数不高、空间较小，多以砖或石墙沉重及钢筋混凝土梁板系统的混合结构最为普遍。这种结构类型，因受梁板经济跨度的制约，在平面布置上，常形成矩形网格的承重墙的特点。如办公楼、旅馆、宿舍等。

② 框架结构　框架结构由钢筋混凝土的梁、柱系统支撑，墙体仅作为维护结构，由于梁柱截面小，室内空间分隔灵活自由，常用于房间空间较大、层高较高、分隔自由的多、高层园林建筑中，如：餐厅、展览馆、标志塔等。

③ 空间结构　随着高新建筑材料的不断涌现，促使轻型高效的空间结构的快速发展，对于解决大跨度建筑空间问题，创造新的风格和形式，具有重大意义。空间结构包括了钢筋混凝土折（波）板结构、钢筋混凝土薄壳结构、网架结构、悬索结构、气承薄膜结构等。

a. 钢筋混凝土折（波）板结构　如同将纸张折叠后，可增加它的刚度和强度一样，运用钢筋混凝土的可塑性可形成折（波）板、多折板结构，其刚度、承载力、稳定性均有较大提高。园林中常见利用 V 形折板拼成多功能的活泼造型的建筑及小品，如：亭、榭、餐厅等（图 2-30）。

b. 钢筋混凝土薄壳结构　其是充分发挥混凝土受压性能的高效空间结构，可将壳体模仿自然界中的蛋壳、蚌壳、海螺等曲面形体，形成千姿百态、体形优美的建筑新形象。常见的有单向曲面壳、双向曲面壳、螺旋曲面壳。单向曲面壳的实例如墨西哥霍奇米柯薄壳餐厅（图2-31）。

图 2-31　墨西哥霍奇米柯薄壳餐厅

c. 网架结构　它是由许多单根杆件，按一定规律以节点形式连接起来的高次超静定空间结构。网架结构具有自重轻、用钢省、结构高度小的特点，利于充分利用空间。园林中常见用于大门、茶室、餐厅、展览馆、游泳馆等建筑中。按屋顶结构形式又分为平面结构、空间结构。平面结构实例如昆明世博会大门（图 2-32）。

d. 悬索结构　它是由许多悬挂在支座上的钢索组成。钢索是柔性的，只承受轴向拉力；边缘构件是混凝土的，为主要的受压构件。其充分发挥了钢材受拉性能好、混凝土的受压性能好的特点，将二者结合，真正做到力与美的统一。目前常见有单向悬索、双向悬索、混合悬挂式

图 2-32　昆明世博会大门

图 2-33　上海世博会日本国家馆

悬索。

e. 气承薄膜结构 运用合成纤维、尼龙等新材料来做屋顶的结构形式。由于施工速度快，拆迁方便；多用于一些展览馆、剧场、游乐场等一些临时性建筑中。如上海世博会日本国家馆，展馆外部采用透光性高的双层外膜形成一个半圆形的大穹顶，宛如一座"太空堡垒"，内部配以太阳电池，可以充分利用太阳能资源，实现高效导光、发电（图2-33）。

④ 轻型钢结构 运用薄壁型钢作为主要材料，形成以钢柱、檩条、屋架或刚架为主要支撑体系的结构形式。常见于园林建筑及小品中，如：花架、温室、茶室、餐厅等（图2-34）。

图 2-34 某小区钢结构小品

⑤ 钢筋混凝土仿木结构 在园林中还有一种特殊的结构形式，即钢筋混凝土仿木结构。我国古典园林中主要的结构形式是木结构，其以木构架（由柱、梁、檩、枋等构件构成）承重，而墙体并不承重，只起围蔽、分隔、稳定柱子的作用。常见的结构体系主要有穿斗式与抬梁式两种。由于木材短缺及其易腐蚀、易遭火灾的缺陷，钢筋混凝土仿木结构与钢丝网水泥结构已成为当今普遍采用的结构形式。钢筋混凝土仿木结构是一种采用钢筋混凝土为主要材料、仿制传统木结构构件（如柱、梁、檩、枋等构件）的一种结构形式。与木结构相比，具有节省木材、耐腐、高强、施工迅速的优点，已为园林建筑中广泛采用。

在建筑设计时一般可根据建筑的层数和跨度并考虑建筑的性质和造型要求结合考虑不同结构体系的结构性能，来选择合理的结构形式。

2.2.1.5 设备布置恰当

园林建筑设计除了考虑结构设计外，还需考虑建筑设备技术，如水、暖、电等方面问题。设备用房的布置应符合各类用房布置的有关要求，使之各成系统，同时还需使其互不影响。如厨房、卫生间的设计就涉及给排水问题。在多层建筑的设计中，各楼层卫生间的平面位置应尽量上下重叠，利于集中设置给水、排水干管；在相同楼层平面设计中应力求用水点集中，如将厨房、卫生间紧靠在一起布置，利于埋设管线。除此之外，设备的合理布置还影响建筑造型设计。如在设有电梯的旅馆设计中，常常出现的问题是没有考虑到屋顶的电梯机房的设备位置，从而破坏和影响了建筑造型的整体性。

2.2.1.6 体型简洁、构图完整

园林建筑设计除了实现功能合理、技术可行、经济的目标外，最终还须落实到建筑形象设计上。纵观古今中外的优秀园林建筑，其"造型美"在于体型简洁和构图完整，具体来说，就是符合建筑形式的诸法则，如统一与变化、节奏与韵律、比例与尺度、均衡与稳定等。具体内容详见园林建筑构图的原则与方法章节。

2.2.2 空间组合形式

园林建筑空间组合的常用形式有：走廊式、穿套式、庭园式、综合式等。

2.2.2.1 走廊式

这种形式常常运用于构成建筑的各房间大小基本相等、功能相近、并要求各自独立使用的空间，常见于办公楼、旅馆的客房部分、职工宿舍部分等。走廊式又分为内廊和外廊式。

内廊式为一条或两条内走廊联系两侧的房间，走道短、交通面积少，平面布局紧凑，建筑进深大，保温性能好，但有半数房间朝向不好；外廊式指仅走道的一侧设置房间，另一侧则不设置房间，走道长、交通面积多，平面紧凑性、保温性能差，但可使所有房间均朝向较好的朝向；也

有将外廊封闭形成暖廊的，可以防风、避雨，同时供人们休息、赏景。故实际工作中很多建筑在空间组合时常常采用内、外廊相结合的组合方式，充分发挥两种布局的优点（图2-35）。

2.2.2.2 穿套式

有些类型的建筑（如展览馆、盆景园等）或有些功能房间（如茶室的加工间与备茶间、备茶间与茶厅、小卖部与储藏间）由于使用的要求，在空间组合上要求有一定的连续性，对于这类序列空间可以采用穿套式组合。穿套式组合，为适合人流活动的特点和活动顺序，又可以分为以下四种形式：

① 串联式　各使用空间按照一定的使用顺序，一个接一个地相互串通连接。采用这种方式使各房间在功能上联系密切，具有明显的顺序和连续性，人流方向单一、简洁明确、不逆行、不交叉，但活动路线的灵活性较少（图2-36）。

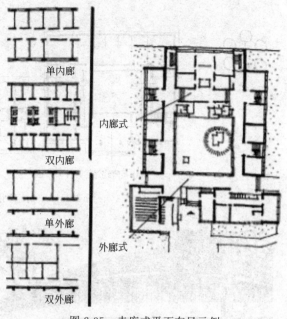

图 2-35　走廊式平面布局示例

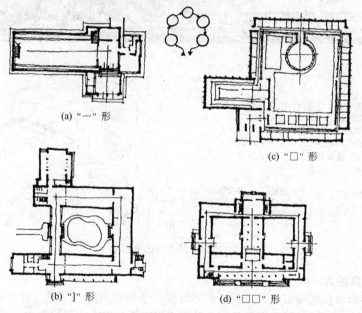

(a) "一" 形

(c) "口" 形

(b) "」" 形

(d) "口口" 形

图 2-36　串联空间组合基本形式

② 放射式　它以一个枢纽空间作为联系空间，此枢纽空间在两个或两个以上的方向呈放射状衔接布置使用空间。这个作为联系空间的枢纽空间，可以是人流集散的大厅，也可以是主要使用空间（图2-37）。采用这种组合方式布局紧凑、联系方便、使用的灵活性大。但在枢纽空间中容易产生各种流线的相互交叉和干扰。

③ 大空间式　它将一个原本完整的大空间，采用一定的分隔方法（如矮墙、隔断等）分成若干部分，各部分之间既分隔又相互贯通、穿插、渗透，各部分之间没有明确的界限，从而形成富于变化的"流动空间"景观。如加纳阿克拉国家博物馆（图2-38）。

④ 混合式　在一幢建筑中采用了上述两种或两种以上的穿套式组合方式，称为混合式。

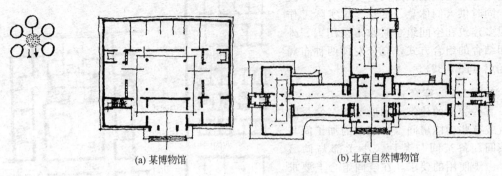

(a) 某博物馆　　　　　　　　　(b) 北京自然博物馆

图 2-37　放射空间组合示例

室外景观

博物馆布置在大片绿地内，道路分布、入口处理均与建筑体形协调一致。锯齿形外墙的百叶窗既解决了自然通风，又获得了大片的陈列墙面，中部突起的圆顶很好地解决了大厅中央的照明。

摘自《A.D.》建筑杂质

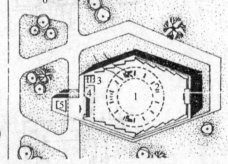

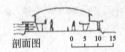

剖面图　0　5　10　15

1- 展览厅；　　4- 贮藏室；
2- 二层展台；　5- 公园贮藏；
3- 厕所；　　　6- 停车场

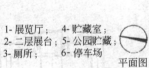

平面图

图 2-38　加纳阿克拉国家博物馆

2.2.2.3　庭院式

将使用空间沿庭院四周布置，以庭院作为衔接联系的空间组合方式。可形成三面设置房屋、一面是院墙的三合院，或四面为房屋的四合院，根据需要可以在一幢建筑中设置一个、两个或两个以上的庭院。这种组合方式使用上比较幽静，冬季可以防风，可将不同功能性质的房间（嘈杂的与安静的、对外联系密切的与内部使用的）通过庭院分隔，使其各得其所。目前很多庭院在上部覆盖采光材料，可以遮风避雨改善庭院的使用条件，形成有特色的室内庭院。庭院的分类及设计详见园林建筑群体设计中园林建筑布局章节。

2.2.2.4　综合式

由于实际生活中建筑的复杂性和多样性，往往一幢建筑中采用了上述两种或两种以上的组合方式，称为综合式组合方式。如武夷山星村候筏码头就采用了走廊式、穿套式、庭院式的组合方式，为综合式组合方式。

2.3 园林建筑造型设计

建筑造型设计是园林建筑设计的一个重要的组成部分，其内容主要涉及建筑体型设计、立面设计、细部设计等方面。

2.3.1 园林建筑造型艺术的基本特点

园林建筑造型艺术的基本特点主要体现在以下五个方面：

① 建筑的艺术性寓于物质性。园林建筑同其它类型建筑一样，应遵循建筑设计的普遍原则，即在满足人们的物质要求的同时，还必须满足人们的精神需求。

② 形式与功能的高度统一。物质和精神功能的统一是建筑创作的根本方向。只有当建筑的形式与功能达到高度统一，才能创造出完美而崇高的建筑形象。

③ 可以借助于其它艺术形式（如雕刻、文学、书法、绘画等），但主要通过建筑的手段和表达方式来反映建筑形象的具体概念。

建筑艺术不同于雕塑、音乐、绘画等其它艺术形式。建筑主要通过建筑自身的空间、形体、尺度、比例、色彩和质感等方面构成艺术形象，表达某些抽象的思想内容，如庄严肃穆、富丽堂皇、清幽淡雅、轻松活泼等气氛。园林建筑设计中常常借助于雕刻、文学、书法、绘画等其它艺术形式加强艺术氛围和表现力，但主要通过建筑的手段和表达方式来反映建筑形象的具体概念。园林建筑空间是具有音乐的韵律美的四维空间。当人们在一定的园林空间中移动，随着时间的推移，一个个开合、明暗变化的空间，犹如连续的画卷在眼前展现。因为有了时间的因素，园林建筑的空间魅力才得以充分地表达。

④ 体现建筑的地方特色和民族特色，继承传统又根据现代条件创新。

善于充分挖掘传统建筑的地方特色和民族特色，在继承传统的基础上，做到"古为今用，洋为中用"，根据现代化条件创造出崭新的园林建筑形象。

⑤ 建筑业的综合性对建筑造型有着更为密切的联系。

随着时代的进步，人们物质文化生活多元化，园林建筑的形式也日趋复杂。建筑技术尤其是结构技术的飞速发展，为园林建筑创作中的各种尝试和探索提供了技术条件。许多新材料、新技术在园林建筑中大量运用。

2.3.2 园林建筑的构思与构图

2.3.2.1 园林建筑构思

建筑构思是运用形象思维与逻辑思维的能力，现实主义与浪漫主义相结合，对设计条件进行深刻分析和准确理解，抓住问题的关键和实质，以丰富的想象力和坚韧的首创精神，运用建筑语言所特有的表达方式和构图技巧，创造出有深刻思想和卓越艺术性的完美统一的建筑形象。

一般的园林建筑设计应包括方案设计、初步设计、施工图设计三大部分。建筑构思主要是在方案设计阶段完成的。

一般而言，就建筑方案设计的过程来看，大致可以划分为任务分析、方案构思及多方案比较、方案修改完善三大步骤。建筑师在实际工作中常常分析研究、构思设计、分析选择、再构思设计……如此循环发展的过程，在每一个"分析"阶段（包括前期的条件、环境、经济分析研究和各阶段的优化分析选择）所运用的主要是分析概括、总结归纳、决策选择等基本的逻辑思维的方式；而在各"构思设计"阶段，建筑师主要运用的则是形象思维。因此，建筑设计的学习训练必须兼顾逻辑思维和形象思维两个方面，不可偏废。任务分析是设计的前提和基础，从任务分析（设计要求、地段环境、经济因素和相关规范资料等），到建筑设计思想意图的确立，并最终完成建筑形象设计。方案设计承担着从无到有、从抽象概念到具体形象的职责。它对整个设计过程起着开创性和指导性的作用。它要求建筑师具有广博的知识面、丰富的想象力、较高的审美能力、灵活开放的思维方式和勇于克服困难的精神。对于初学者而言，创新意识与创作能力是学习训练的主要目标。

（1）任务分析

任务分析就是通过对设计要求、地段环境、经济因素和相关规范资料等重要内容的系统、全面的分析研究，为方案设计确立科学的依据。

① 设计要求的分析 设计要求的分析包括个体空间、功能关系、形式特点要求三大方面。

a. 个体空间分析 包括各功能用房的体量大小、基本设施要求、位置关系、环境景观要求、空间属性的要求等。

b. 功能关系分析 按照设计任务书要求，将功能概念化，绘出功能关系图，明确个体空间的相互关系及联系的密切程度。如：个体空间在相互关系上的主次、并列、序列或混合关系；在功能联系上的密切、一般、很少或没有联系；并考虑在设计中采取与之相对应的空间组合方式。

c. 形式特点要求分析 分析不同类型建筑的性格特点和使用者的个性特点。

② 地段环境的分析 环境条件是建筑设计的客观依据。所谓"因地制宜"即是对周围环境条件的调查分析，把握和认识地段环境的质量水平及其对建筑设计的制约影响，充分利用现有条件因素并加以改造利用。具体的调查研究应包括地段环境、人文环境和城市规划设计条件三个方面。地段环境的分析是做好园林建筑设计的首要条件。

a. 地段环境 地段环境方面包括所在城市的气候条件；地段的地质条件、地形地貌、景观朝向、周边建筑、道路交通、城市方位、市政设施、污染状况等。

b. 人文环境 人文环境方面包括城市性质规模、地方风貌特色等。

c. 城市规划设计 城市规划设计方面包括城市规划部门拟定的有关后退红线、建筑高度、容积率、绿化率、停车量等要求。

③ 经济技术因素分析 方案设计阶段主要是在遵循适用、坚固、经济、美观的原则基础上，依据业主实际所能提供的经济条件，选择适宜的技术手段，包括：建筑的档次、结构形式、材料的应用、设备选择等。

④ 相关资料的调研与搜集 学习和借鉴前人的实践经验以及掌握相关建筑设计的规范制度，是掌握园林建筑设计的基本方法。资料搜集包括规范性资料和优秀设计图文资料两个方面，可通过对性质相同、内容相近、规模相当、方便实施的实例进行调研。有对设计图文资料进行整理分析的，也有对建成实物进行实地测绘的，分析其设计构思、设计手法、空间组合、建筑造型等。

任务分析阶段常用草图表现方法绘制用地环境分析图，如食品廊设计用地环境分析图中表达了对用地景观朝向、周边建筑、道路交通、地形地貌条件分析（图 2-39）。

（2）构思方法

在建筑创作中，方案构思的方法是多种多样的。根据方案设计的过程，可将构思的方法分为以下 4 种：

① 按部就班式 先了解熟悉设计对象的性质、内容要求、地形环境等，在此基础上进行功能分析及绘制功能关系图；依据各功能空间的体量大小、基本设施要求、位置关系、环境景观要求、空间属性把关系图示置于基地，根据基地的形状、朝向、周围环境等因素，将它修改成合理的总平面或平面布局形状；等这种关系安排妥后，就把建筑物"立体化"；最后根据造型设计进行平面的调整修改，直至方案完成（图 2-40）。

其优点是基本满足功能要求，技术上也比较容易解决；但没有创造性，整个过程重视平面关系，在考虑功能时，往往不注重建筑体型，等到最后确定建筑形象时，往往只是做一些调整和细节处理。但对于初学者而言，这是应掌握的最基本的构思方法。

② 在熟悉基地、设计对象的基础上，作形态构思 这种方式是最常用的手法，但先决条件是熟悉基地和设计对象。罗列可能出现的建筑形式，然后做多方案比选。以食品亭设计为例，在任务分析的基础上，罗列出三个比较方案，进行方案比较（图 2-41）。

在进行多方案构思时，应遵循以下几个原则：

其一，应提出数量尽可能多、差别尽可能大的方案。

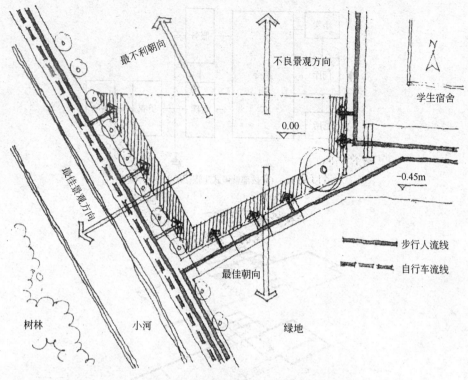

图 2-39　食品廊设计用地环境分析

其二，任何方案的提出都必须是在满足功能与环境要求的基础之上的，否则，再多的方案也毫无意义。

在进行多方案分析比较与优化选择时，重点比较以下三个方面：

其一，是否满足基本的设计要求；

其二，建筑的个性特色是否突出；

其三，是否留有修改调整的余地。

即使是被选定的发展方案，虽然在满足设计要求和个性特色上具有相当优势，但也会因方案阶段的深度不够等原因，存在一些局部问题，需要调整和深入。应该注意的是，对其进行的调整和深入，是在不改变原有方案整体构思、个性特色的基础上，所进行的局部修改和调整。避免由于局部的调整，导致方案整体大改大动。

③ 意象性的构思　所谓意象性构思就是将某种意念投射到建筑形象上，让人去联想。如古典园林中的临水建筑——舫，即是将"船"的意象投射到建筑形象设计中，其特点是建筑形象与投射体之间存在着介乎似与不似之间的关系，方能让人联想、令人回味。如上海世博会西班牙国家馆建筑采用天然藤条编织成的一块块藤板作外立面，整体外形呈波浪式，看上去形似"篮子"，藤条板质地颜色各异，抽象地拼搭出"日"、"月"、"友"等汉字，表达对中国传统文化的理解（图 2-42）。

④ 构成式的构思　就是不管是平面的、立体的、空间的乃至肌理、光影、颜色等，采用构成手法以一个体出发作各种变换，最后形成一个建筑方案。

以上这四种方式依次由易至难，前一种属于"先功能后形式"，后三种属于"先形式后功能"，前者以平面设计为起点，从研究建筑的功能需求出发，而后完善建筑造型设计；后者从建筑体形环境入手，重点研究建筑空间和造型，而后完善功能。对于初学者而言，可在掌握熟悉前者的基础之上，尝试其它的方案构思方法。

(3) 表达方式的选择

为了能在方案设计阶段更及时、准确、形象地记录与展现建筑师的形象思维活动，宜采用设

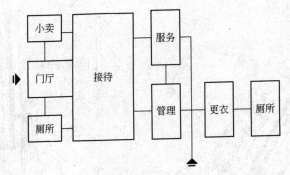

(a) 按部就班式步骤图示 1

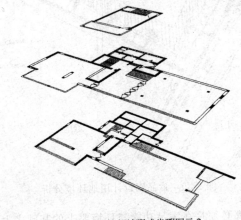

(b) 按部就班式步骤图示 2

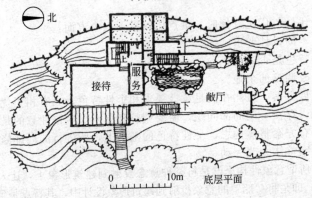

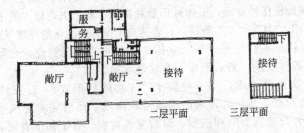

(c) 按部就班式步骤图示 3

图 2-40　按部就班式步骤图示

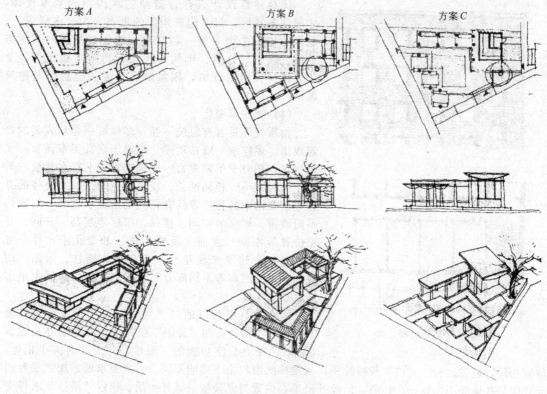

图 2-41　食品亭设计

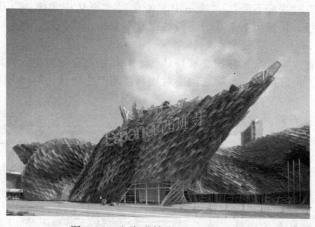

图 2-42　上海世博会西班牙国家馆

计推敲性表现方法，常用的是草图表现，其它还有草模表现、计算机模型表现等形式。而在方案确定以后，为了进行阶段性的讨论或最终成果汇报的展示时，则需采用展示性表现方法（详见附录），使方案表现充分、最大限度地赢得社会认可。实际工作中可根据不同情况酌情采用。

2.3.2.2　园林建筑构图的原则与方法

建筑构思需要通过一定的构图形式才能反映出来，建筑构思与构图有着密切的联系，有时想法（构思）好，但所表现出来的形象并不能令人满意。有时建筑虽然大体上都符合一般的构图规律，但并不能引起任何美感，这说明构思再好，还有个表现方法的问题、途径选择的问题、建筑美学观的认识问题。运用同样的构图规律，在美的认识上、艺术格调上、意境的处理上还有正谬、高低、雅俗之分，建筑形象的思想性与艺术性的结合的奥妙就在于此。

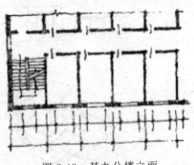

图 2-43　某办公楼立面

园林建筑设计应符合造型艺术构图的基本规律，才能使各景区、景点建筑构图的重点突出、多样统一。具体的构图法则有统一与变化、对比与微差、节奏与韵律、联系与分隔、比例与尺度、均衡与稳定等，至于采用何种构图方法，则需综合考虑主题意境及建筑风格。

(1) 统一与变化

物质世界具有有机统一性，多样统一是形式美的普遍规律。多样统一既是秩序，相对于杂乱无章而言；又是变化，相对于单调而言。建筑在客观上存在着统一与变化的因素——相同性质、规模的空间（如办公楼的办公室、旅馆中的客房等具有相同的层高、开间、门窗），不同性质、规模的空间（楼梯、门厅等层高、开间、开窗位置等不同）立面上反映出统一和变化来；另一方面，就整个建筑来说是由一些门窗、墙柱、屋顶、雨篷、阳台、凹廊等不同部分所组成的，也必然反映出多样性和变化性。

园林建筑中可以通过"对位"和"联系"获得统一，通过"错位"和"分隔"获得变化。如某办公建筑立面，由于办公室功能的一致性，立面开窗大小相等，位置相同，通过这种"对位"获得统一；而楼梯间窗户由于功能不同、采光要求低、加之平台地面高度与各楼面不在同一个标高，因此开窗小，位置与办公楼层错开半层，通过"错位"求得变化（图 2-43）。

所谓"统而不死"、"变而不乱"、"统一中求变化"、"变化中求统一"正是为了取得整齐简洁，而又避免单调呆板、丰富而不杂乱的完美的建筑形象。

(2) 对比与微差

古代希腊朴素唯物主义哲学家赫拉克利特认为：自然趋向差异对立，协调是从差异对立而不是类似的东西产生的。由此可见，事物之间的对比和微差产生协调。对比与微差只限于同一性质之间的差异，如数量上的大与小、形状上的直与曲等。至于这种差异变化是否显著，是对比还是微差，则是一个相对的概念，没有绝对的界限。如北京漏明墙窗，各窗统一布局，间距相等、大小基本一致，整体统一和谐。每一个窗形各异，相邻窗之间的这种变化甚微，视觉上保持了整体的一贯性与连续性，统一中有变化，是将两者巧妙结合的佳作（图 2-44）。

图 2-44　北京漏明墙窗

由于建筑形式与功能的高度统一，建筑形式必然反映出建筑的功能特点。园林建筑内部功能的多样性和差异性，反映在形式上即是对比与微差。对比指各要素之间的显著差异；微差则指的是不显著的差异。通过对比，借助各要素彼此之间的烘托陪衬来突出各自的特点以求得变化，如以小衬大、以暗衬明、以虚衬实；通过微差手法，借助各要素彼此之间的共同性以求得和谐。没有对比会使人感到单调，过分强调对比，又因失去了相互之间的协调一致而造成混乱。只有将两者巧妙结合，才能创造出既变化又和谐、多样统一的建筑形式。

① 数量上的对比　数量上的对比如：单体建筑体量的对比（以小衬大）、园林建筑庭园空间

的对比（欲扬先抑）以及在中国古建筑立面设计中，为了突出中心，中轴线上的主入口较两侧大、明间的开间自明间向两侧依次递减等（图2-45）。

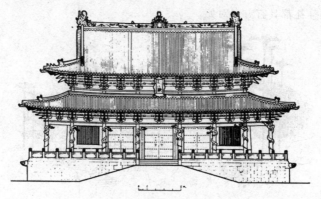

图2-45　山西晋祠圣母殿立面

② 形状对比　形状上的对比有：单体建筑各部分及建筑物之间形状的对比、园林建筑庭园空间形状的对比（方与圆、高直与低平、规则与自由的对比）。如天津水上公园水榭，建筑单体各部分采用不同形状（方与曲）的建筑体块组成以形成对比（图2-46）。

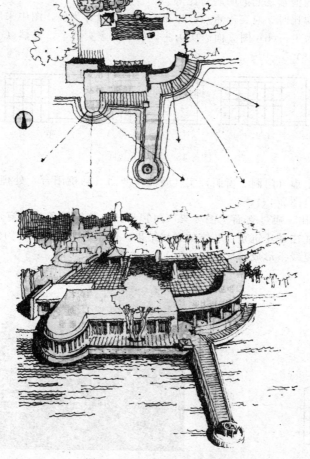

图2-46　天津水上公园水榭

③ 方向对比　将构成建筑自身形体的各部分在平面上沿不同的方向延伸，在空间上则通过

构件悬挑、收进等手法，使其在三维空间中沿着各自的空间轴自由延伸扩展，以形成对比的手法，如桂林芦笛岩接待室（图2-47）。方向对比是获得生动活泼的造型和韵律变化的一种处理手法，许多交错式构图往往都具有方向对比。

图 2-47　桂林芦笛岩接待室

④ 明暗虚实对比　利用明暗对比关系达到空间变化和突出重点的处理手法，如：室（洞）内与室（洞）外的一明一暗（以暗托明）、建筑外墙体立面的实墙面与空虚的洞口或透明的门窗所形成的虚实对比（以实衬虚）、空间的"围"（封闭）与"透"（开敞）所形成的虚实对比；园林环境中建筑、山石与池水之间的明暗对比等。

在运用明暗虚实对比时，应突出重点。以某建筑立面设计为例，图中采用了三种虚实处理方式，（a）图立面以虚为主，（b）图立面以实为主，（c）图虚实各半，显然（c）图重点不够突出，处理方法不当（图2-48）。

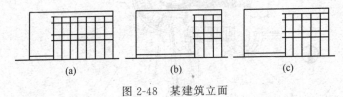

(a)　　　　　　　　(b)　　　　　　　　(c)

图 2-48　某建筑立面

通过建筑的外墙上虚（门洞、窗洞）实（墙面）凹凸（悬挑阳台）处理形成光影明暗对比，常常获得生动的效果（图2-49）。

⑤ 简繁疏密的对比　通过立面构图要素（屋顶形式、装饰线条、门窗）的简与繁、疏与密的设计，形成对比。往往是建筑重点装饰的必然结果。以北京大正觉寺塔为例，以稀疏线条的台基和五座塔塔身的繁复线条形成对比（图2-50）。

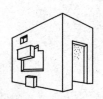

图 2-49　某建筑立面

图 2-50　北京大正觉寺塔

⑥ 集中与分散对比、断续对比　通过建筑某些部件在组织上的集中和分散形成对比以突出

重点。如在建筑立面的处理中，为了突出建筑某个重点部位（如转角、主入口、屋檐下等处），建筑设计运用立面构图要素（如阳台、门窗等）的集中布置，而其它部位则做相对分散布置。如桂林"桂海碑林"立面设计，休息廊断开的垂直悬挑立柱和连续通长的水平栏板、梁枋之间形成断续对比（图2-51）。

图 2-51 桂林"桂海碑林"

⑦ 色彩与材料质感对比　园林建筑中常常运用各种材料（砖、瓦、石材、植栽等）的色彩、质感、纹理的丰富变化形成对比，以突出建筑的小品味和人情味。如现代园林中粗糙的毛石与光滑的人工石材、镜面玻璃形成的对比、苏州园林中粉墙与黛瓦的对比、白色的薄膜与银色的钢材的对比等，在园林中比比皆是。

⑧ 人工与自然对比　在园林建筑设计中，以规整的建筑物与自然景物之间在形、色、质、感上的种种对比，通过对比突出构图重点获得景效，或以自然景物烘托建筑物，或以建筑物突出自然景物，两者相互结合，形成协调的整体。

以上列出的几种对比手法并不是彼此孤立的，在园林建筑设计中往往需要综合考虑，一个成功的建筑构图常常既是大小数量上的对比，又是形状的对比；既是体量、形状的对比，又是明暗虚实的对比；既是体量、形状虚实的对比，又是人工与自然景物的对比等。在对比的运用中既要注意主从关系、比例关系，力求重点突出，又要防止滥用造成变化过大，缺乏统一性，破坏了园林空间的整体性。

(3) 节奏与韵律

韵律本来是用来表明音乐和诗歌中音调的起伏和节奏感的。建筑构图中的韵律指的是有组织的变化和有规律的重复，使变化与重复形成了有节奏的韵律感，从而可以给人以美的感受，正是这一点，人们常把建筑比作"凝固的音乐"。人类生来就有爱好节奏和谐之美的形式的自然倾向。这种具有条理性、重复性和连续性为特征的韵律美，在自然界中随处可见。人们将自然界的各种事物或现象有意识地加以模仿和运用，形成了建筑活动中的韵律。在园林建筑中，常用的韵律手法有连续的韵律、渐变的韵律、起伏的韵律、交错的韵律等（图2-52），以下分别论述。

① 连续的韵律　是以一种或几种要素连续、重复地排列而形成，各要素之间保持着恒定的距离和关系。如园林建筑中等距排列的尺寸图案统一的漏窗、廊柱、橡子等。

② 渐变的韵律　是连续的要素在某一方面（距离、尺寸、长短）按照一定的秩序而变化（如逐渐变宽或变窄、逐渐变大或变小、逐渐加长或缩短），由于这种变化取渐变的形式，故称渐变韵律。

③ 起伏的韵律　是渐变韵律按照一定规律时而增加时而减小，有如波浪起伏或具不规则的节奏感，这种韵律活泼而富有动感。

④ 交错的韵律　是各组成部分按一定规律交织、穿插而形成。

连续的韵律　　　　　　　渐变的韵律、起伏的韵律　　　　　　交错的韵律

图 2-52　韵律的四种形式

以上四种形式有一个共同的特点——具有明显的条理性、重复性、连续性，借助这一点，设计中采用节奏与韵律既加强整体的统一性，又具有丰富多彩的变化。

(4) 比例与尺度

任何建筑，不论何种形状，都存在三个方向——长、宽、高的度量。建筑尺寸即指形体长、宽、高的实际量度。建筑比例所研究的就是这三个方向度量之间的关系问题。所谓比例是指建筑物整体或各部分本身，以及建筑整体与局部或各部分之间在大小、高低、长短、宽窄等数学上的关系。建筑设计中的推敲比例，就是指通过反复比较而寻求出这三者之间的理想关系。建筑尺度所研究的是建筑物的整体或局部给人感觉上的大小印象和其真实大小之间的关系问题。尺度是指建筑物局部或整体对某一物体（人或物）相对的比例关系。往往可以通过某些与人体相近的某些建筑部件（踏步、栏杆、窗台、门洞等）来反映建筑的尺度。

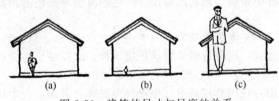

图 2-53　建筑的尺寸与尺度的关系

图 2-53 所示的三幢建筑具有相同比例，但尺寸不同，三幢建筑成若干倍数关系。其中，以（c）图的尺寸为最小，（b）图的尺寸为最大。就建筑的尺度而言，（b）图建筑的勒脚、檐口细部处理不当，与人相比尺度过大，未能反映出其庞大的体量关系；（c）图与人相比，则尺度太小了，不能作为房子，近乎于模型；（a）图与人的比例关系和谐，尺度适宜。

(5) 均衡与稳定

由于地球引力——重力的影响，古代人们在与重力作斗争的建筑实践中逐渐形成了一套与重力有联系的审美观念，这就是均衡与稳定。人们从自然现象中得到启示，并通过实践活动得以证实的均衡与稳定原则，可以概括为：凡是像山那样下部大、上部小，像树那样下部粗、上部细，像人那样具有左右对称的体形，不仅感官上是舒服的，而且实际上是安全的。于是人们在建造建筑时力求符合均衡与稳定的原则，例如古埃及的金字塔、中国古代帝王陵墓，均呈下大上小、逐渐收分的方尖锥体。然而，均衡与稳定指的是两个不同的概念。均衡所涉及的主要是建筑构图中各要素左与右、前与后之间相对轻重关系的处理，稳定则是建筑整体上下之间的轻重关系处理。随着科学技术的进步和人们审美观念的发展和变化，人们不但可以建造出高过百层的摩天大楼，而且还可以把古代奉为金科玉律的稳定原则颠倒过来，建造出许多上大下小、底层架空的新奇的建筑形式，如上海世博会中国国家馆（图 2-54）。

以静态均衡来讲，有两种基本形式：一种是对称的形式；另一种是非对称的形式。对称形式由于自身各部分之间所体现出的严格的制约关系（构图时设一条或多条对称轴加以制约），所以天然就是均衡的。而非对称的形式虽然相互之间的制约关系不像对称形式那样明显、严格，但是保持均衡的本身也就是一种制约关系，不过其处理的手法比起对称形式要自然灵活得多，形式也更为活泼了。园林建筑的均衡更多地体现在园林建筑的群体布局中，详见教材园林建筑群体设计部分。

图 2-54　上海世博会中国国家馆

2.4　园林建筑设计的技巧

2.4.1　立意

　　所谓立意就是设计者根据功能需要、艺术要求、环境条件等因素，经过综合考虑所产生出来的总的设计意图。立意既关系到设计的目的，又是在设计过程中采用何种构图手法的依据。

　　第一，由于园林建筑具有较高的观赏价值并富于诗情画意，因此，比一般建筑更为强调组景立意，尤其强调景观效果和艺术意境的创造。

　　园林意境常结合诗词书画等多种艺术形式创造艺术意境，所谓诗情画意，寓情于景，触景生情，情景交融是我国传统造园的特色。常常运用"点题"的方式，通过匾额、楹联点出建筑主题意境。如：河北承德避暑山庄内的多处景点的名称，均为康熙皇帝和乾隆皇帝所亲题，香远益清、镜水云岑、萍香泮、金山岛等，即以简短的题名，表露出各景点园林景色的丰富多彩。

　　第二，园林建筑设计必须结合建筑功能和自然环境条件两个基本因素进行立意构思。皇家园林、私家园林及寺观园林中的建筑，常因不同功能性质作为构思立意的出发点，如皇家园林体现皇家气派、私家园林重在"人造自然"的园居氛围、寺观园林则强调宗教象征性及烘托宗教气氛。由于地理环境差异，北方园林与南方园林相比，由于北方冬季寒冷和夏季多风沙，使得园林建筑封闭，而呈现出不同于江南建筑的形象。各地方园林建筑风格地方化、乡土化表现尤为突出。

2.4.2　选址

　　《园冶》中的"相地合宜，构园得体"是园林建筑设计的一项重要原则。一座公园或一幢观赏性建筑物如选址不当，不但不利于艺术意境的创造，且会因降低观赏价值而削弱景观效果。如何进行选址主要从以下几个方面考虑：

　　第一，在对环境条件及风景资源进行分析调查的基础上，与组景立意密切结合，进行选址。

　　"相地"首先要对环境条件及风景资源进行分析调查，才能做到"因地制宜"。山林、湖沼、平原、往往呈现出不同的景观特色，是组景立意考虑的首要因素；地形的坡度、坡向、土壤、水质、风向、朝向等对建筑布局、绿化质量方面也产生一定影响；现状地形中的一切自然景物，一树一石、花鸟鱼虫、山谷沟涧等，都是可加以充分利用的，保留现状地形中有特色的自然景物，将其用于组景立意，因地制宜地反映出基址特点。

　　环境条件在园林建筑组景立意中有重要的地位和作用，合理选址有利于创造某种和大自然相协调并具有某种典型景效的园林空间。如承德避暑山庄内的"南山积雪""四面云山""锤峰落照"，虽是造型简单的矩形亭，由于选址恰当，建于山巅山脊高处，立体轮廓突出，登亭远眺，可细细玩味积雪云山、落照锤峰等优美自然景色，选址与组景立意密切结合。

园林建筑的相地与组景意匠是分不开的。峰、峦、丘、壑、岭、崖、壁、嶂、山型各异，湖、池、溪、涧、瀑布、喷泉、水局繁多，松、竹、梅、兰、植物品种形态千变万化，因地制宜地综合考虑建筑营造、筑山、理水、植物栽培等问题，既要注意突出各种自然景物特色，又要做到"宜亭斯亭"恰到好处。

当选址环境缺乏真山真水环境时，还需凭借设计人的想象力进行改造，以提高园址素质。

第二，利于赏景，从点景、观景方面出发，进行选址。

点景、观景作为园林建筑的主要特点，在选址中应予以充分考虑。

点景即点缀风景，起到画龙点睛的作用。

无论是山顶、高地、池岸、水矶、茂林修筑、曲径深处，凡得景佳处，均可选址。选址的位置往往决定了观赏者视野范围内摄取到的风景画面，设计前的相地，需要顾及景色因借的可能性和效果，并获得适当的得景时机和眺望视角。

第三，结合园林总体布局进行考虑。

不同功能性质园林建筑对于选址有着不同的要求。为了适应园林的功能分区，常借助园内建筑或者以建筑结合山水、植物围合空间，创造互相穿插、彼此联系的空间序列。

2.4.3 造景

(1) 点景

点景是园林造景的手法之一。它有两种形式，一种是点题，即以楹联、匾额、碑刻等点出构思主题意境，它是以文字的形式对园林景观以及空间环境特点进行高度概括，从而使园林空间产生文学意境美。另一种是点缀风景，无论山体、水面、建筑群、花木丛等均可成为点缀对象，或置于林荫间、花圃中，或点缀于山顶、山坡、山脚，或安于水中、岸边，或设于庭中、园角，既可眺望景色，又可点缀风景、活跃和丰富景区氛围。

(2) 借景

借景是把各种在形、声、色、香上能增添艺术情趣，丰富画面构图的外界因素，引入到本景空间中，使景色更具特色和变化。大自然界中的可资因借的景物多种多样，如云霞、日月、花木、泉瀑等，因其形、声、色、香常常使人触景生情，将其作为组景对象巧妙地融合在园林中，不但为创造艺术意境服务，而且还能扩大空间、丰富园林景观艺术效果。

借景的内容有借形、借声、借色、借香；借景的方法有"远借、邻借、仰借、俯借、应时而借"。

借形组景主要采用对景、框景、渗透等构图手法，把有一定景效价值的远、近建筑物及建筑小品，以至山、石、花木等自然景物纳入画面。

借声组景，是利用自然界声音多种多样，如暮鼓晨钟、溪谷泉声、林中鸟语、雨打芭蕉、柳浪莺啼等，凡此均可由于组景，既能激发感情、怡情养性，又为园林建筑空间增添几分诗情画意。

借色组景是利用自然景物丰富的色彩来进行组景。自然界的月色、云霞、树木、花卉各具形色，如杭州西湖的"三潭印月"、"平湖秋月"是以夜景中的月色组景，承德避暑山庄"四面云山"、"一片云"、"云山胜地"、"水流云在"四景则是以天空中的极富色彩和变化云霞组景。而且树木、花卉随着季节的不同，色彩也会随之变化，春天桃红柳绿，秋来枫林红叶，冬之白雪红梅，均是极佳的组景素材。

借香组景是利用植物散发出来的幽香来增添园林景致，如广州兰圃借兰香、拙政园的"荷风四面亭"是借荷香组景的佳例。

远借、邻借、仰借、俯借、应时而借均是由于得景距离不同、视角不同、时机不同的借景方法。

借景时应考虑结合设计构思的主题意境，即所谓"借景有因"。

同时需要处理好借景对象与本景建筑物之间的关系。应重视设计前的相地，需要顾及建筑不同位置、朝向借景的可能性和效果，如果找不到合适的自然借景对象时，也可以适当设置一些人工的借景对象,如建筑小品、山石、花木等;同时还需结合人流路线来组织,或设门、窗、洞口以收景,或置山石花木以补景;在人流活动空间中,有意识地设置静中观景、动中观景点,仔细推敲建筑门、窗、洞口的开口大小、形式、位置与景物之间的相互关系,以期获得恰当的视点位置和眺望视角。对于那些杂乱无章索然无味的实像,应尽量防止将其引入到园景中来,所谓"嘉则收之、劣则摒之"。

(3)框景

框景是利用画框式的门洞、窗洞等把一个局部景观框入特定的框内,使真实的自然风景产生犹如艺术性图画的效果,具有更好的观赏价值。

框景有多种形式,常见的有入口框景、流动框景等。入口框景是指在园区的入口处以园门、窗洞为取景框,园内设置一组景物,使游人一进大门就有景可赏,在心理上,预示着一个新的空间序列的开始。流动框景是指人们在园林中游赏时,随着脚步的移动,视线所及景物也随之变化,透过园墙或廊壁上的一个个窗框,所看到的一组组变化的景物,从而产生步移景异、扩大园林空间的效果。

除了上述造景手法外,还有前面所述对比与微差中的曲与直、开与合、收与放、动与静、小与大等造景手法。

有时我们在苏州园林的平面图中,常常看到的建筑物并不是正南北地摆放着的,亭、廊、墙等建筑物也总是变化着角度,曲曲折折,看似很不规则,其园林中建筑、山水、植物的布局充分考虑点景、借景、框景等造景手法的运用。当身临其境时,从"动观"中,才能领会出其中造园手法之精妙。详见苏州拙政园平面图(图2-55)。

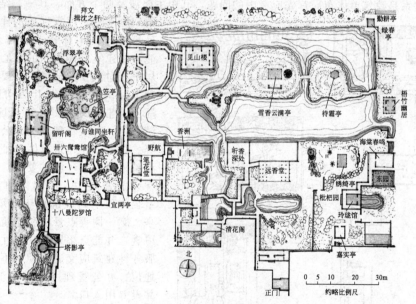

图 2-55　苏州拙政园平面

2.5　园林建筑群体设计

2.5.1　概述

2.5.1.1　建筑群体概念

"群体"的概念,被广泛地运用于动物学、社会学等学科领域中。动物学中"指一群同种的生物,它们以有组织的方式生活在一起并密切相互作用"。社会学中"指由多数动物或植物个体组成"。由此可见,"群体"概念是与"个体"(动物学中称个员)相对的,"群体"由个体组成,"群体"中的"个体"之间存在相互联系、相互作用的关联性,而非毫无关系的简单相加。

根据"群体"概念,将其加以引申,可以这样理解建筑群体:建筑群体就是由相互联系的单体建筑组成的一个有机整体。同单体建筑单体相比,群体内各单体之间的关联性就显得尤为重要。在中国古典园林中建筑单体简单,以群体组合见长,建筑群体虽由简单的单体组成,可见其产生的景效远远大于单体的简单叠加。

2.5.1.2 建筑单体与建筑群体

这里所谈的建筑单体是一个相对于建筑群体的概念,不特指某一幢功能上完全独立的建筑,而只是形体上的划分。它具有独立的建筑形象,是建筑群体的构成要素。它可用以构成一幢功能相对独立的复杂建筑,也可以构成一个院子,乃至一座公园等。如私家园林中的各亭、榭、舫等,虽以廊、墙、游路相连,但它们形体独立,具有独立的建筑形象,即是构成群体的建筑单体。如果把建筑群体比作是一个完美的乐章,那么建筑单体就是乐章中的一个个跳动的音符。这些音符按照一定的节奏、韵律有组织排列,它们构成了整个乐章,它们彼此相互关联。建筑单体之间的相互关联性主要表现在功能关系、行为秩序、景观协调性等方面。优秀的建筑群体能将建筑单体的"个性"融于群体之中,形成形象多样统一、空间内外贯通、彼此相互依存的有机统一的整体。

(1) 功能关系

虽然园林中建筑单体的使用功能差异很大,如:在综合公园中有展览室、餐厅、茶室、亭廊、办公室等各种不同功能的建筑单体;但它们就总体上讲,都是为满足人们的休憩和文化娱乐生活的,功能上互为补充,这也体现了园林空间中功能活动的多样性及功能关系的整体性。

功能关系是建筑单体布局首先应考虑的问题,其中主要涉及两个方面,其一,结合功能分区的划分来配置适宜性质的建筑单体,明确哪些建筑单体代表着群体的主要功能,是建筑群体组织的核心,哪些建筑居于相对次要的地位,即要分清功能上的主从关系。如水上活动区的水上茶厅、游船码头;文娱活动区的棋牌室、游艺厅;行政管理区的办公及管理用房等。其二,在建筑单体选址时,还应考虑单体自身对环境的要求。如公园大门常设于公园主、次出入口之处;阅览室、陈列室则宜选址于环境幽静一隅;亭、廊、榭等点景游憩建筑,则需有景可赏,并能点缀风景;餐厅、小卖部等服务性建筑应交通方便,不占主要景观地位;办公管理用房宜处于僻静之地,并设专用入口。

(2) 行为秩序(空间序列)

功能分区是建筑群的分离组织手段,而流线关系则是建筑群聚合组织的手段,二者相辅相成。园林中的流线关系是为了满足游赏、管理及人流集散的需求所设置的园路或廊、桥等,通过它联系各景区、景点及建筑单体,它是游览园林空间的导游线、观赏线、动观线。就空间序列的组织形式来看,有对称、规整的和不对称、不规则的。如苏

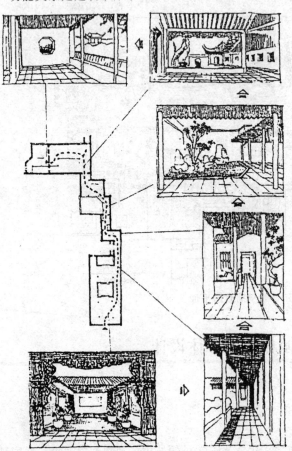

图2-56 苏州留园入口部分的空间序列

州留园，从城市街道进入园门，经过60余米长的曲折、狭小、时明时暗的走廊与庭院，才到达主景所在的"涵碧山房"。这60m的路程，游人在一系列景观、空间的变化中，视觉上出现了先抑后扬，由曲折幽暗到山明水秀、豁然开朗的景观效果，在心理上由城市的喧嚣繁杂到心灵得到净化进入悠游山水的境界。因此，园林中的流线组织，既是组织空间或联系建筑的交通流，又形成了人们感知空间环境的景观序列；它是游人动中观景的行为秩序的反映。因此，设计时应充分考虑不同环境人们游赏中的心理活动（图2-56）。

（3）景观协调性

园林中的建筑单体只有与其它建筑及环境要素（山、水、植物）相结合，成为一个有机整体，才能完整、充分地表现出它的艺术价值。景观协调性体现了多样统一的造型艺术的基本规律。建筑单体之间的景观协调，可以通过体形、体量、色彩、材质的统一而获得。其中，最首要的是体形上的统一与协调。在建筑群体设计中，常通过轴线关系建立建筑单体间的结构秩序。常见的有以一幢主体建筑的中心为轴线的，如北京北海的五龙亭（图2-57）；或以连续几幢建筑中心为轴线的；或是用轴线串起几进院落的，如佛香阁建筑群（图2-58）；或是将其分隔成簇群，每个群体中轴线旋转，形成多轴线布局的，如武夷宫景点规划（图2-59）。这样，沿轴线两侧，将道路、绿化、建筑、小品等作对称布置，形成统一对称的建筑群体空间。除此之外，也可运用相同体形获得统一，如桂林杉湖水榭运用圆形作为构图母题，岛西的蘑菇亭与岛东的圆形水榭遥相呼应，与自由曲线的水岸获得景观上的统一（图2-60）。

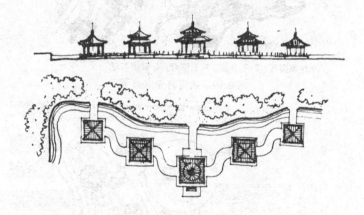

图 2-57　北京北海的五龙亭

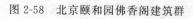

图 2-58　北京颐和园佛香阁建筑群

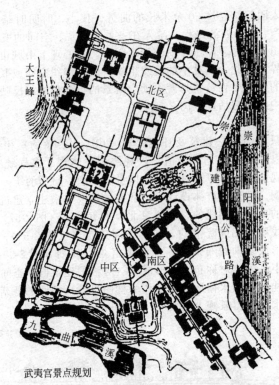

武夷宫景点规划

1- 武夷宫；2- 玉皇阁；3- 三清殿；4- 武夷茶观

图 2-59　武夷宫景点规划

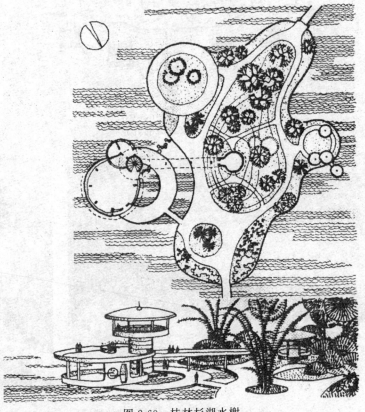

图 2-60　桂林杉湖水榭

2.5.2 园林建筑群体设计

2.5.2.1 园林建筑的空间

人们的一切活动都是在一定的空间范围内进行的，而建筑设计的最终目的是提供人们活动使用的空间。虽然人们用大量砖、瓦、木等材料建造了建筑的墙、基础、屋顶等"实"的部分，但人们真正需要使用的却是这些实体的反面，实体所范围起来的"空"的部分，即"建筑空间"。因此，现代意大利有机建筑派理论家赛维在他所著的《建筑空间论》提出"建筑艺术并不在于形式空间的结构部分的长、宽、高的综合，而在于那空的部分本身，在于被围起来供人们生活活动的空间。"

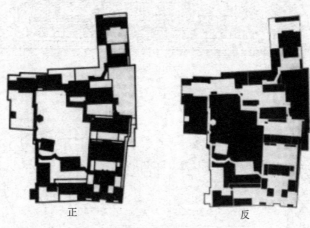

正　　　　　　　　反

图 2-61　古典园林的图底分析

中国古代哲学家老子说过"三十辐共一毂，当其无，有车之用。埏埴以为器，当其无，有器之用。凿户牖以为室，当其无，有室之用。故有之以为利，无之以为用"。这"有"之利，是在"无"的配合下取得的，"室"之用，是由于"无"，即室之中空间的存在。"有"与"无"在建筑中就是建筑实体与空间的对立统一。建筑空间包括室内空间、室外空间和灰空间，既包含了实空间，又包含虚空间，虚实共生形成一体，建筑的本质是空间。

在我国园林建筑群体中也存在着"虚"、"实"关系，运用"图底分析"方法对其进行分析，我们看到黑色的建筑单体和白色的庭院空间，它们互为图底（图 2-61）、彼此依存、相互穿插，形成和谐积极的建筑群体。值得注意的是，设计中要避免只从单幢建筑自己狭隘的利益出发来分割空间，使得剩余的外部庭院部分成为"下脚料"，因其形状残缺不全，庭院空间难成系统，致使建筑群体丧失了整体性。

2.5.2.2 园林建筑的布局

园林建筑空间组合形式，主要有以下几种：

（1）由独立的建筑单体或自由组合的建筑群体与环境结合，形成的开放性空间

由一幢或几幢建筑单体构成，这种空间组合的特点是以自然景物烘托建筑物，建筑成为自然风景中的主体，点缀风景。其中由单幢建筑物形

图 2-62　杭州西泠印社平面图

成开放性空间的较为多见,园林中常设于山顶或水边的亭、榭,即属此类。由多幢建筑物组群自由组合构成不对称群体的,如杭州西泠印社(图2-62),对称的如五龙亭群体。承德避暑山庄金山建筑群由多个建筑单体呈自由式分散布局,虽用桥、廊相互连接,但不围成封闭院落,亦属此类(图2-63)。

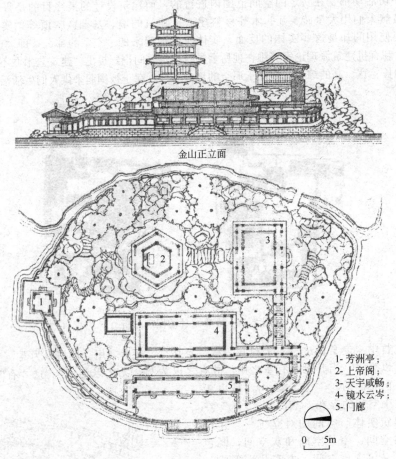

金山正立面

1- 芳洲亭;
2- 上帝阁;
3- 天宇咸畅;
4- 镜水云岑;
5- 门廊

0   5m

图 2-63　承德避暑山庄金山建筑群

(2)由建筑或廊、墙围合而成庭院空间

　　这是我国古典园林建筑普遍使用的一种空间组合形式。其中,以四合院的形式最为典型。以建筑物、廊、墙相环绕,形成封闭院落,庭院中点缀山石、池水、植栽,形成一种以近观、静赏为主,动观为辅,内向性的封闭空间环境。庭院联系若干单体建筑(厅、堂、轩、馆、亭、榭、楼、阁),起着公共空间和交通枢纽的作用。

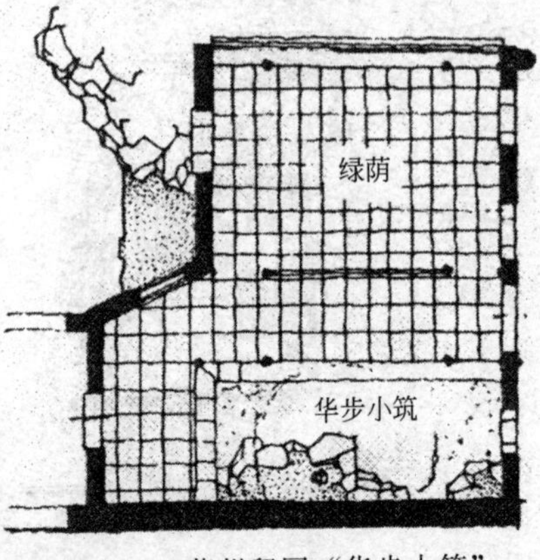

　　这种形式的庭院可大可小,可以是单一庭院,也可由几个大小不等的庭院组合。按照大小与组合方式的不同,有井、庭、院、园四种形式。

　　① 井　即天井,指天井深度比建筑高度为小,仅供采光、通风,人不进入。如苏州留园"华步小筑"(图2-64)。

　　② 庭　即庭院,按其位置不同又可分为前庭、中庭、后庭、侧庭。前庭,通常位于主体建筑的前面,面临道路,一般庭境较宽畅,供人们出入交通,也是建筑物与道路之间的人流溪冲地带,此种庭式的布置比较注重与建筑物性质的协调。内庭,又称中庭。一

绿荫

华步小筑

图 2-64　苏州留园"华步小筑"

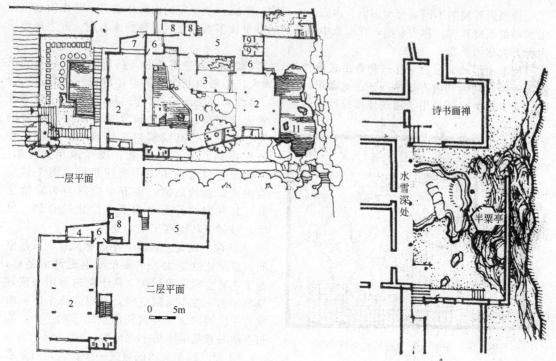

图 2-65 广州越秀公园金印青少年游乐场茶室

1—前庭；2—茶厅；3—廊座；4—小卖（收款）；5—厨房；
6—备餐；7—办公；8—仓库；9—更衣；10—中庭；11—后庭

图 2-66 南通狼山准提庵侧庭

般系多院落庭园之主庭，供人们起居休闲、游观静赏和调剂室内环境之用，通常以近赏景来构成庭中景象。后庭，位于屋后，常常栽植果林，既能供人果食，又可在冬季挡挡北风，庭景一般较自然。如广州越秀公园金印青少年游乐场茶室的前庭、中庭、后庭（图2-65）。侧庭，古时多属书斋院落，庭景十分清雅。如南通狼山准提庵侧庭（图2-66）。

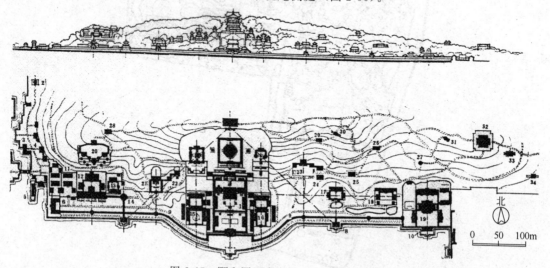

图 2-67 颐和园万寿山前山之中央建筑群

1—排云殿，佛香阁；2—宿云檐；3—临河殿；4—小青天，斜门殿等；5—清宴舫；6—石丈亭；7—鱼藻轩；
8—对鸥舫；9—长廊；10—水木自亲；11—西四所；12—听鹂馆；13—贵寿无极；14—山色湖光共一楼；
15—清华轩；16—介寿堂；17—无尽意轩；18—养云轩；19—乐寿堂；20—画中游；21—云松巢；22—邵窝；
23—写秋轩；24—圆朗斋；25—意迟云在；26—福荫轩；27—含新亭；28—湖山真意；29—重翠亭；30—千峰
彩翠；31—荟亭；32—景福阁；33—自在庄；34—赤城霞起

按地形环境的不同又分为山庭、水庭、水石庭、平庭。依一定的山势作庭者，称作山庭。突出水局组织庭园者，称为水庭，在水景中用景石的分量较多而显要者，称作水石庭。庭之地面平而坦者，称为平庭。

按平面形式又分为对称式和自由式两种。对称式庭园，有单院落和多院落之分。对称式单院落庭园，功能和内容较单一，占地面积一般不太大，一般由几个建筑单体围成三合院或四合院，通常这类庭园多用于建筑性质较严肃的地方。对称式多院落组合的庭园，一般用于建筑性质比较庄重、功能比较复杂、体型比较多的大型建筑中。其院落根据建筑主、次轴线作对称布局，依不同用途有规律地组成。如：颐和园万寿山前山之中央建筑群（图2-67）。自由式布置的庭园，也有单院落与多院落之分，其共同的特点是构图手法比较自如、灵活，显得轻巧而富于空间变化。

③院 院是一种具有小园林气氛的院落空间。范围比庭更大，平面布局也更灵活多样，为了丰富空间景观层次，常于院内运用廊或建筑分隔出一些小角隅空间，形成由几个庭院组成有主次对比、相互衬托的空间形式。如：苏州王洗马巷某宅书房小院（图2-68）。

④园 园是院落的更进一步扩大，以池水为中心进行布置，是由许多建筑物及井、庭、院所组成的一个复杂的群体空间。如：上海豫园（图2-69）。

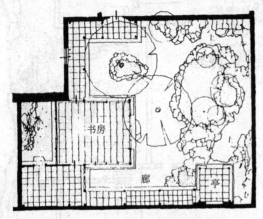

图2-68 苏州王洗马巷某宅书房小院

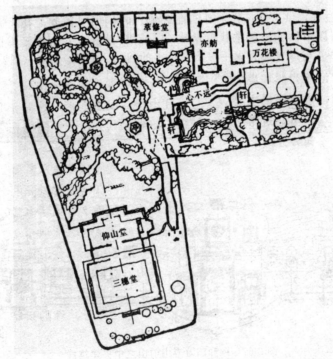

图2-69 上海豫园

(3) 混合式的空间组成

由于功能或组景的需要，有时可把以上几种空间组合的形式结合使用，故称混合式的空间组合。

（4）总体布局统一构图分区组景

以上三种空间组合，一般属园林建筑规模较小的布局形式，对于规模较大的园林，则需从总体上根据功能、地形条件，把统一的空间划分成若干各具特色的景区或景点来处理，在构图布局上又使它们能互相因借，巧妙联系，有主从和重点，有节奏和韵律，以取得和谐统一。古典皇家园林如圆明园、北海公园、颐和园；私家古典庭园如苏州拙政园、留园等，都是采用统一构图，分区组景布局的优秀例子。

2.6 园林建筑技术经济指标

关于园林建筑的经济问题，涉及的范围是多方面的，如：总体布局、单体设计、环境设计、室内设计等。评价一幢园林建筑的是否经济，也涉及很多因素，包括建筑用地、建筑面积、建筑体积、建筑材料、结构形式、设备类型、装修构造及维修管理等方面。国家规定了不同类型建筑的有关标准与规范。在设计中，既应把坚持国家的建筑标准与规范，防止铺张浪费，作为思考建筑经济问题的基础；同时又应该防止片面追求过低的指标与造价，致使建筑质量低下。

在进行园林建筑设计时，在满足使用功能和造型艺术要求的前提下，节约建筑面积和体积是主要考虑的经济因素。常用的技术经济指标如下：

2.6.1 建筑面积

建筑面积指建筑物勒脚以上的各层外墙外围的水平面积之和。它可分为使用面积、辅助面积、结构面积三项，即：

$$建筑面积＝使用面积＋辅助面积＋结构面积$$
$$有效面积＝使用面积＋辅助面积$$

注：使用面积指建筑物各层平面中可直接为生产或生活使用的净面积总和。

辅助面积指建筑物各层平面中辅助生产或生活所占的净面积总和，主要指交通面积。

结构面积指建筑物各层平面布置中的墙体、柱与结构所占的面积总和。

建筑面积是国家控制建筑规模的重要指标，因此国家基本建设主管部门对建筑面积的计算作了详细的规定。其中规定了计算建筑面积的范围和不计算建筑面积的范围，具体内容详见建设部颁发的有关规定。

2.6.2 建筑系数

评价建筑设计是否经济，从节约建筑面积和体积方面考虑，通常还利用建筑系数来衡量。常用的面积系数有：

$$使用面积系数＝使用面积/建筑面积$$
$$辅助面积系数＝辅助面积/建筑面积$$
$$有效面积系数＝有效面积/建筑面积$$
$$结构面积系数＝结构面积/建筑面积$$

（注：有效面积＝使用面积＋辅助面积）

从上述的面积系数分析可以看出，在满足使用功能要求和结构选型合理的情况下，有效面积越大，结构面积越小，越显得经济。可见，采用先进的结构形式、结构材料来降低结构面积，可以大大提高有效面积系数。一般框架结构建筑的有效面积比混合结构的建筑大。对于相同结构类型的建筑，使用面积越大，交通面积越小，越显得经济。因此，在建筑空间组合时，应力求布局紧凑，充分利用空间，以期获得较好的经济效果。在实际工作中，常常采用使用面积系数控制经济指标。

但只控制面积系数尚不能很好地分析建筑经济问题。在相同面积的控制下，若层高选择偏高，则因增加了建筑的体积，而造成投资显著的增长。这就表明，合理地选择建筑层高，控制建筑的体积，同样是取得经济效果的有效措施。常用的体积系数控制方法有：

有效面积的建筑体积系数＝建筑体积/有效面积

建筑体积中的有效面积系数＝有效面积/建筑体积

从上述的体积系数分析可以看出，在满足使用功能要求和结构选型合理的情况下，单位有效面积的体积越小越显得经济，而单位体积的有效面积越大越显得经济。

值得注意的是，在建筑设计中运用技术经济指标分析问题时，需要持全面的观点，防止片面追求各项系数的表面效果，诸如过窄的走道、过低的层高、过大的进深、过小的辅助面积，不仅不能带来真正的经济效果，还会严重损害建筑的使用功能和美观要求，将是最大的不经济。

在考虑园林建筑经济问题时，除需要深入分析建筑本身的经济性外，建筑用地的经济性也是不容忽视的。因为增加建筑用地，相应地会增加道路和给排水、电力、热力、电信等管网的投资费用，而一般建筑室外工程费用约占全部建筑造价的 20％。因此，在满足卫生防火、日照通风、安全疏散、布局合理、体型美观、环境优美等基本要求下节约用地，对提高建筑经济性具有重要意义。

第 3 章
园林个体建筑设计

3.1 概 述

3.1.1 概念

园林个体建筑是指园林建筑中的主要建筑，包括游憩性园林建筑、服务性园林建筑、文化娱乐性园林建筑和管理性园林建筑等。

3.1.2 内容

园林个体建筑是园林建筑中的重要组成部分，其设计要求包括造景及功能两大部分：
① 具有点景、赏景、引导游览路线、组织园林空间等景观的造景要求；
② 还有游憩性、服务性、文化娱乐性、办公管理等使用的功能要求。
具体设计内容包括：
① 亭、廊架、榭、舫、园桥等游憩性园林建筑；
② 小卖部、接待室、茶室与餐厅、摄影部、旅馆、厕所等服务性园林建筑；
③ 建筑码头、展览馆等文化娱乐性园林建筑；
④ 公园大门、办公管理室、温室等管理性园林建筑。

3.1.3 设计要点

园林个体建筑设计从以下四个基本要点入手：
① 布局选址 善于利用地形，结合自然环境，与自然融为一体。
② 功能形式 从具体的使用内容出发，选择与其相适应的空间组合形式，满足建筑的功能要求。
③ 空间处理 通过空间的划分与组织，形成一系列的空间对比，增加层次感，扩大空间感。
④ 建筑造型 体量宜轻盈，形式宜活泼，力求简洁明快，通透有度，达到功能与景观的有机统一。
由于园林环境的特殊性，园林个体建筑设计不仅要满足园林景观和使用要求，还应与筑山、理水、植物配置紧密配合，把建筑的人工美与风景的自然美有机地结合并高度统一。

3.2 游憩性建筑设计

具有休息、游赏和具体的使用功能，具有优美造型，如亭、廊、花架、榭、舫、园桥等都属于游憩性建筑。

3.2.1 亭

3.2.1.1 亭的概念

3.2.1.1.1 亭——周围开敞、供游人遮阳避雨、休息和观景，并能点景的园林建筑。亭能增加景致是我国园林中点缀风景和景物构图的重要内容。

3.2.1.1.2 亭的特点：点状分布，通透，给人以虚的感觉。

3.2.1.1.3 亭的组成：亭一般由台基、屋身和屋顶三部分组成，各部分之间有一定的比例。

① 屋身　主要是柱，一般比较空灵。

② 屋顶　形式变化丰富，有传统与现代亭顶之分，在"按亭的屋顶形式分类"部分详细说明。

③ 台基　随环境而异，多为混凝土。如果地上部分负荷较重则需加入钢筋、地梁。

3.2.1.2 亭的类型与造型

3.2.1.2.1 亭的平面形式类型（图 3-2-1-1）～（图 3-2-1-4）

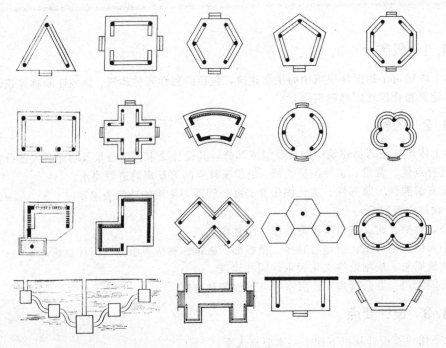

图 3-2-1-1　亭的平面形式

图 3-2-1-2　单体式亭

图 3-2-1-3　组合式亭

图 3-2-1-4　复合式亭

① 单体式

a. 正多边形亭（3、4、5、6、8边等）

b. 矩形亭

c. 仿生形　圆形亭、扇形亭、十字形亭、梅花形亭、睡莲形亭、蘑菇形亭、伞亭等。

② 组合式

a. 双三角形亭

b. 双方形亭

c. 双圆形亭等各种形体亭的相互组合

③ 复合式多功能亭　与墙、廊、屋、石壁、桥等相结合，如半亭、角亭、亭廊、桥亭等。

3.2.1.2.2　亭的立面形式类型

(1) 按亭的层数分类　可以分为单层、二层、三层（多层）以上（图3-2-1-5～图3-2-1-7）。

图 3-2-1-5　单层亭

图 3-2-1-6　二层亭

图 3-2-1-7　三层亭

(2) 按亭的檐数分类　可以分为单檐、重檐和三重檐等（图3-2-1-8～图3-2-1-10）。

图 3-2-1-8　单檐亭

图 3-2-1-9　重檐亭

图 3-2-1-10　三重檐亭

(3) 亭的体量与比例

① 亭的体量　亭的体量不论平面、立面都不宜过大过高，一般直径为3～5m，如果亭的面阔为 L，各部分尺寸如下：

a. 柱高 $H=0.8L～0.9L$

b. 柱径 $D=(7/100)L$

c. 台基高：柱高 $=1/100～2.5/100$

② 亭的比例　要注意比例关系，攒尖顶的亭顶：柱 $=1:1$，南方亭一般顶大于柱，北方亭

柱略大于屋顶，若仰视 $H_1 > H_2$，俯视 $H_1 < H_2$（图 3-2-1-11）。

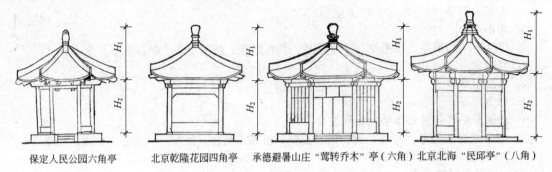

保定人民公园六角亭　　北京乾隆花园四角亭　　承德避暑山庄"莺转乔木"亭（六角）北京北海"民邱亭"（八角）

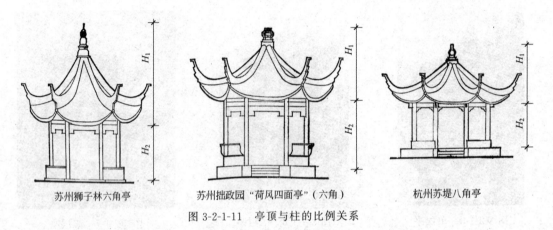

苏州狮子林六角亭　　　苏州拙政园"荷风四面亭"（六角）　　　杭州苏堤八角亭

图 3-2-1-11　亭顶与柱的比例关系

柱高与开间的比例关系：

a. 四角亭中 0.8∶1

b. 六角亭中 1.5∶1

c. 八角亭中 1.6∶1

3.2.1.2.3　按亭的屋顶形式分类

(1) 亭的传统屋顶形式：攒尖式、歇山式、卷棚顶式、盝顶式、盔顶、庑殿顶、曲尺、组合式（图 3-2-1-12）。

(2) 亭的现代层顶形式：单支柱顶式、平顶式、折板顶式、壳体顶式、膜结构顶式、现代简化顶式（图 3-2-1-13～图 3-2-1-18）。

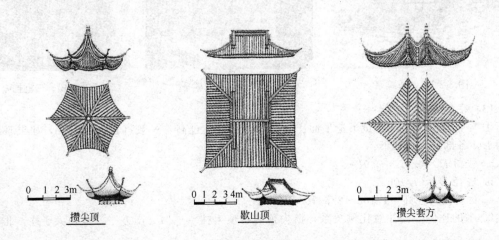

攒尖顶　　　　　　　　歇山顶　　　　　　　攒尖套方

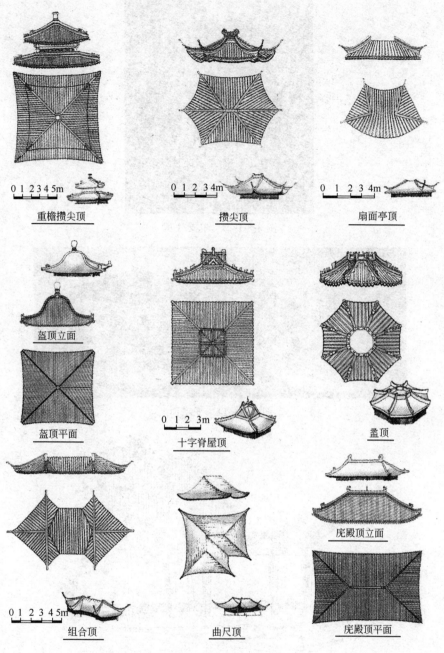

图 3-2-1-12　传统屋顶形式

重檐攒尖顶　　攒尖顶　　扇面亭顶

盝顶立面　盝顶平面　十字脊屋顶　盝顶

组合顶　曲尺顶　庑殿顶立面　庑殿顶平面

3.2.1.3　亭的位置

亭的位置选择关系到休憩、点景与观景等方面的问题，为了创造各种不同的意境，丰富园林景色，亭的位置常与周围环境有关联，可在山地建亭、临水建亭、平地建亭，还可在一些特殊环境建亭，亭的位置选择较为灵活（图 3-2-1-19）。

（1）山地建亭　视野开阔，适于远眺；山上设亭能突破山形的天际线，丰富山形轮廓；提供休息之所（图 3-2-1-20）。

对于不同高度的山，建亭位置有所不同：如小山建亭；中等高度山建亭；大山建亭。

（2）临水建亭　水面开阔舒展、明朗流动，有的幽深宁静，有的碧波万顷，情趣各异，为突

图 3-2-1-13　单支柱顶

图 3-2-1-14　平屋顶

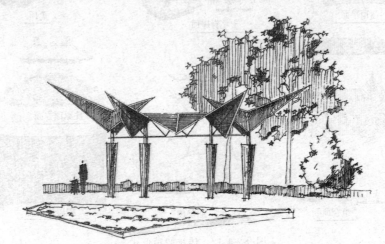

图 3-2-1-15　折板顶

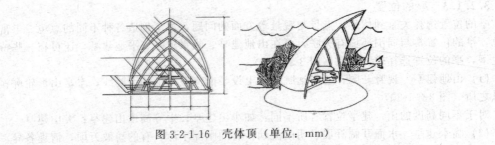

图 3-2-1-16　壳体顶（单位：mm）

图 3-2-1-17　膜结构顶

木架亭　　　　　　　　　　　格子顶与钢架亭

草竹顶亭　　　　　　　　　　木格板亭

图 3-2-1-18　简化传统生态亭（保持传统形态，但结构简洁，采用生态
材料如：竹子、茅草、木材、瓦等建造的亭）

出不同的景观效果，不同水面建亭有所差别（图 3-2-1-21、图 3-2-1-22）。

根据水面的不同可分为：小水面建亭；大水面建亭。

(3) 平地建亭　平地建亭眺览的意义较少，更多赋予休息、纳凉、游览之用（图 3-2-1-23）。

根据地面的不同可分为：道路中间建亭；小广场之中建亭；特殊地貌建亭。

3.2.2　廊架

3.2.2.1　廊的概念

(1) 廊——屋檐下或建筑物与建筑物之间及其延伸成独立的有顶的过道称廊。

(2) 廊的特点　廊具有线状分布的连续性；相邻空间互为渗透的通透性；划分空间和组织空间的分隔性；介于室内外灰空间的过渡性。

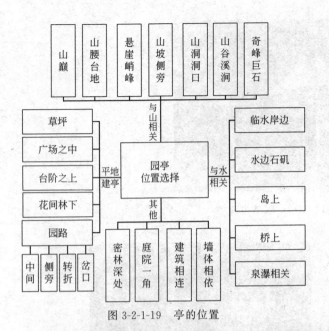

图 3-2-1-19　亭的位置

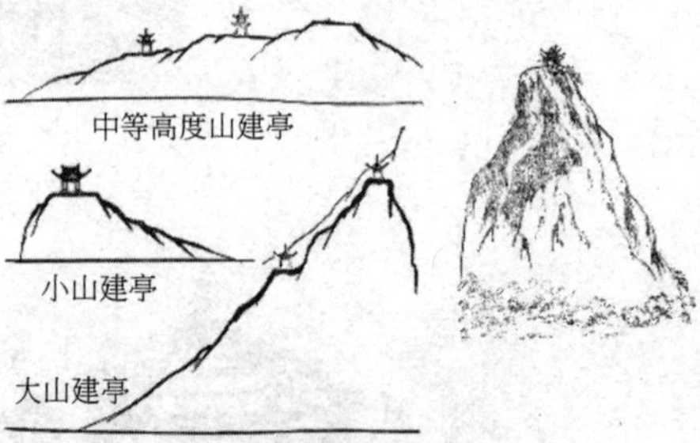

图 3-2-1-20　山地建亭

图 3-2-1-21　小水面建亭
（拙政园"梧竹幽居"方亭）

图 3-2-1-22　大水面建亭
（北京北海由琼岛北望五龙亭）

① 廊的连续性

廊的基本构成（图 3-2-2-1）：

a. 廊的基本单元——间。

b. 四根柱子围合成的空间为一"间"。

c. 间的尺寸：进深：1.2～3m

　　　　　　　开间：3.0～4.0m

　　　　　　　柱径：$d=150$mm

　　　　　　　柱高：2.5～2.8m

d. 廊由基本单元"间"组成，连续重复间组成长短不一的廊，可直可曲，蜿蜒无尽。

② 廊的通透性（图 3-2-2-2）

a. 廊身由柱子支撑，故使其形态开敞，明朗通透。

b. 由于廊具有通透性，因此能够把相邻的空间相互渗透和融合在一起。

③ 廊的分隔性

a. 廊可划分空间和组织空间，把一个完整的大空间分隔成几个小空间，使空间化大为小

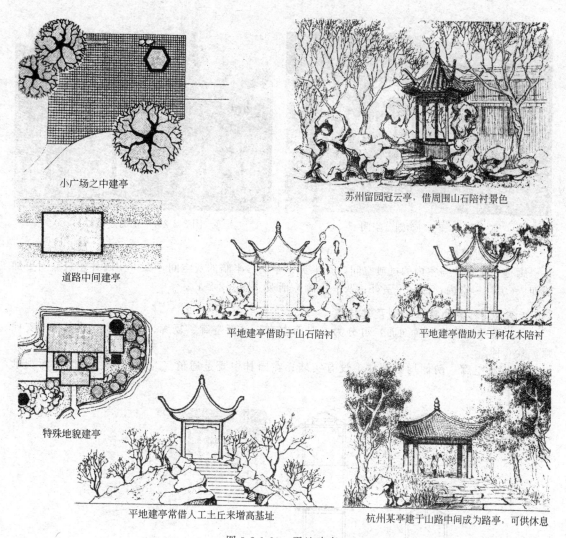

小广场之中建亭

苏州留园冠云亭，借周围山石陪衬景色

道路中间建亭

平地建亭借助于山石陪衬

平地建亭借助大于树花木陪衬

特殊地貌建亭

平地建亭常借人工土丘来增高基址

杭州某亭建于山路中间成为路亭，可供休息

图 3-2-1-23　平地建亭

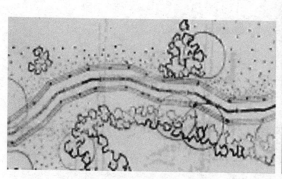

图 3-2-2-1　廊的基本构成

图 3-2-2-2　廊的通透性

（如图 3-2-2-3）：廊把一个完整的大空间分隔成左、中、右三个小空间。

　　b. 廊在划分和围合空间时，由于自身的通透性，使空间隔而不断，连续流动，丰富了景观层次。

图 3-2-2-3　廊划分空间

图 3-2-2-4　廊的过渡性

④ 廊的过渡性

廊是介于室外与室内的过渡空间，是半灵、半明、半暗的灰空间，廊可使园林建筑空间更加明朗、（黑——空内；白——室外；灰——廊）活泼（图 3-2-2-4）。

3.2.2.2　廊的基本类型及其特点

(1) 按结构形式（横剖面）可分为：双面空廊、单面空廊、复廊、双层廊、暖廊和单支柱廊，共 6 种。

① 双面空廊　两侧均为列柱，没有实墙；在园林中既是通道又是游览路线，能两面观景（图 3-2-2-5）。

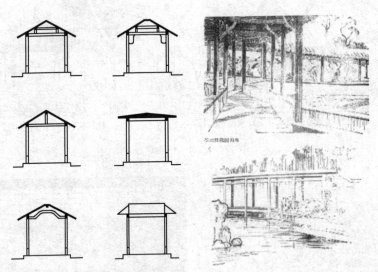

图 3-2-2-5　双面空廊

② 单面空廊　即单面廊，一侧面向园林主要景色，另一侧为墙或建筑所封闭，形成半封闭的空间（图 3-2-2-6）。

即封闭的一侧有两种形式：

a. 一是在双面空廊的一侧列柱间砌上实墙或半实墙而成的；

b. 二是一侧完全贴在墙或建筑物边沿上。

③ 复廊　在双面空廊的中间夹一道墙，形成两侧单面空廊的形式，即为复廊，又称"里外廊"、"两面廊"。因为廊内分成两条走道，所以廊的跨度大些。中间墙上开有各种式样的漏窗，从廊的一边透过漏窗可以看到廊的另一边景色，一般设置两边景物各不相同的园林空间（图 3-2-2-7）。

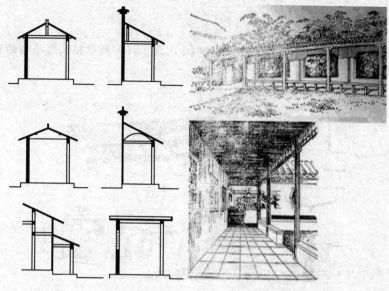

图 3-2-2-6　单面空廊

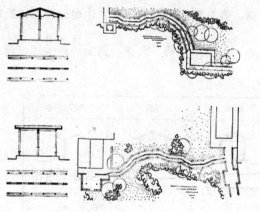

图 3-2-2-7　复廊

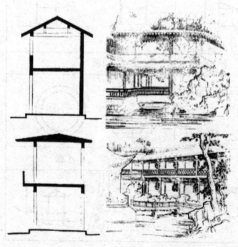

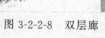

图 3-2-2-8　双层廊

④ 双层廊　上下两层的廊，又称"楼廊"、"阁道"，可连接两层以上建筑及上下层不同高度的观景点（图3-2-2-8）。

⑤ 暖廊　设有可装卸玻璃的廊。

⑥ 单支柱廊　近年来由于钢筋混凝土的运用，出现了许多新材料、新结构的廊，单支柱廊最常见（图3-2-2-9）。

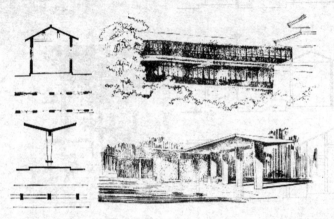

图 3-2-2-9　单支柱廊

其屋顶有平顶、折板，或独立几何状连成一体，各具形状、造型新颖、体型轻巧、视野通透，适合于新建的园林绿地。

(2) 按廊的总体造型及其与地形、环境的关系可分为　直廊、曲廊、回廊、抄手廊、爬山廊、叠落廊、水廊、桥廊等（图3-2-2-10）。

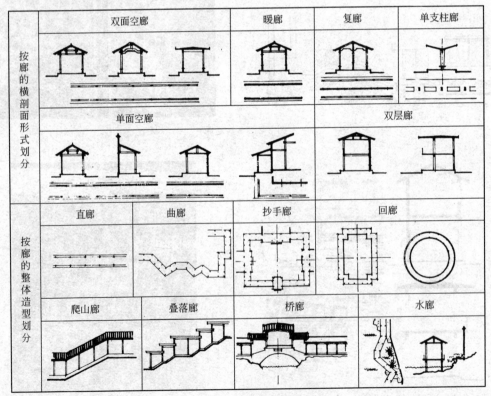

图 3-2-2-10　廊的基本类型

回廊：四面连通的廊；

抄手廊：四面连通且每个面都连接建筑的廊。

3.2.2.3　廊的位置选择

廊的位置选择和亭一样，也关系到周围环境、景观意境，所以位置选择较为灵活，可以在山地建廊、临水建廊、平地建廊（图 3-2-2-11）。

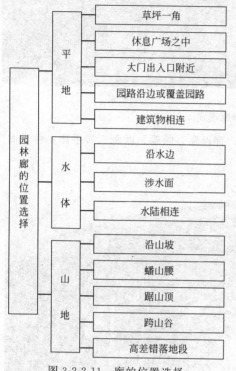

图 3-2-2-11　廊的位置选择

图 3-2-2-12　爬山廊外部

（1）山地建廊　连接山地不同高程的建筑或通道，可避雨防滑。有斜坡式（爬山廊）、阶梯式（叠落廊）两种（图 3-2-2-12～图 3-2-2-14）。

图 3-2-2-13　爬山廊内部

图 3-2-2-14　叠落廊

（2）临水建廊　供欣赏水景和联系水上建筑，形成以水景为主的空间。

① 水边建廊　沿着水边成自由式格局，可部分挑入水面［图 3-2-2-15(a)］。

② 水上建廊（桥廊）　廊基础宜低不宜高，尽可能使地坪贴近水面 [图 3-2-2-15(b)]。

(a) 水边建廊

(b) 桥廊

图 3-2-2-15　水边建廊形式

（3）平地建廊　应有变化，以分隔景区空间为主，有直廊、曲廊、回廊、抄手廊 4 种（图 3-2-2-16～图 3-2-2-19）。

图 3-2-2-16　直廊

图 3-2-2-17　曲廊

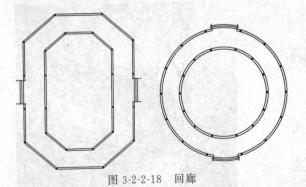
图 3-2-2-18　回廊

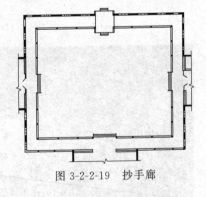
图 3-2-2-19　抄手廊

3.2.2.4　花架的概念

（1）花架　攀缘植物的棚架，又是人们消夏避暑之所。花架在造园设计中往往具有亭、廊的作用，常用来划分组织空间。做长线布置时，就像游廊一样能发挥建筑空间的脉络作用，形成导游路线；也可以用来划分空间增加风景的深度。作点状布置时，就像亭子一般，形成观赏点，并可以在此组织环境景色的观赏。花架又不同于亭、廊，其空间更为通透，特别由于绿色植物及花果自由地攀绕和悬挂，更添一番生气。花架在现代园林中除了供植物攀缘外，有时也取其形式轻盈以点缀园林建筑的某些墙段或檐头，使之更加活泼和具有园林的性格。

（2）花架的特点

① 花架与廊同出一辙，在园林功用方面极为相似，其不同之处在于花架没有屋顶，只有空格顶架。在造型上更为灵活、轻巧，加之与植物相配，极富园林特色。

② 花架造型丰富，其造型变化多体现在顶架的形式，可用传统的屋架造型，也可用现代结构造型，千姿百态体现出新结构之美及朝气蓬勃的时代感。

③ 花架所处的环境，应考虑植物种植的可能性，若花架没有植物攀绕只能算空架，故应考虑植物的品种、形态特点及生态要求。一般与花架相匹配的植物有：紫藤、蔷薇、牵牛花、金银花、葡萄、丝瓜、豌豆等。另外常春藤喜荫，凌霄花、木香则喜光，布置时应加以注意。

3.2.2.5 花架的形式

（1）廊式花架　最常见的形式，先立柱，再沿柱子排列的方向布置梁，片版支承于左右梁柱上，游人可入内休息（图3-2-2-20）。

图 3-2-2-20　廊式花架

（2）片式花架　具有廊的特征，片版嵌固于单向梁柱上，两边或一面悬挑，形体轻盈活泼（图3-2-2-21）。

（3）独立式花架　以各种材料作空格，构成墙垣、花瓶、伞亭等形状，用藤本植物缠绕成型，供观赏用（图3-2-2-22）。

（4）组合式花架　以上几种花架结合的形式或者花架与其它园林建筑的组合（图3-2-2-23）。

3.2.2.6 花架的尺寸

花架的尺寸大致与廊相同，也可比廊略大，净高应略高于廊，以免下垂的植物枝干干扰游人。

① 开间：3～4m；

② 高度：2.5～3m；

③ 进深：2～4m。

3.2.2.7 花架的材料

（1）竹木材　朴实、自然、价廉、易于加工，但耐久性差。竹材限于强度及断面尺寸，梁柱间距不宜过大（图3-2-2-24）。

（2）钢筋混凝土

可根据设计要求浇灌成各种形状，也可作成预制构件，

图 3-2-2-21　廊片式花架

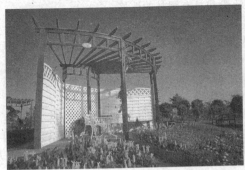

图 3-2-2-22　独立式花架

图 3-2-2-23　组合式花架

图 3-2-2-24　竹木花架

图 3-2-2-25　钢筋混凝土花架

现场安装，灵活多样，经久耐用，使用最为广泛（图 3-2-2-25）。

（3）石材　厚实耐用，但运输不便，常用块料作花架柱（图 3-2-2-26）。

（4）金属材料　轻巧易制，构件断面及自重均小，采用时要注意使用地区和选择攀缘植物种

图 3-2-2-26 石材花架

图 3-2-2-27 金属花架

类，以免灼伤嫩枝叶，并应经常油漆养护，以防脱漆腐蚀（图 3-2-2-27）。

3.2.2.8 花架的应用

① 花架可应用于各种类型的园林绿地中；

② 常设置在风景优美的地方供休息和点景，也可以和亭、廊、水榭等结合，组成外形美观的园林建筑群；

③ 在居住区绿地、儿童游戏场中花架可供休息、遮阳、纳凉；

④ 用花架代替廊子，可以联系空间；

⑤ 用格子垣攀缘藤本植物，可分隔景物；

⑥ 园林中的茶室、冷饮部、餐厅等，也可以用花架作凉棚，设置坐席；

⑦ 也可用花架作园林的大门。

3.2.3 榭

3.2.3.1 榭的概念

以因借周围景色而见长的供游人休息、观赏风景的临水园林建筑（图 3-2-3-1～图 3-2-3-4）。

3.2.3.2 榭的形式特点

① 中国园林中水榭的典型形式是在水边架起平台，平台一部分架在岸上，一部分伸入水中。

② 平台跨水部分以梁、柱凌空架设于水面之上。

③ 平台临水围绕低平的栏杆，或设鹅颈靠椅供坐憩凭依。

④ 平台靠岸部分建有长方形的单体建筑（此建筑有时整个覆盖平台），建筑的面水一侧是主要观景方向，常用落地门窗，开敞通透。既可在室内观景，也可到平台上游憩眺望。

图 3-2-3-1　传统水榭图 1

⑤ 屋顶一般为造型优美的卷棚歇山式。

⑥ 建筑立面多为水平线条，以与水平面景色相协调。

3.2.3.3　榭与水的结合方式

有一面临水、二面临水、三面临水、四面临水等形式，四面临水者以桥与湖岸相连（图 3-2-3-5）。

① 以实心土台作为挑台的基座。

② 以梁柱结构作为挑台的基座，平台的一半挑出水面，另一半坐落在湖岸上。

③ 在实心土台的基座上，伸出挑梁作为平台的支撑。

图 3-2-3-2　传统水榭图 2

图 3-2-3-3　传统水榭图 3

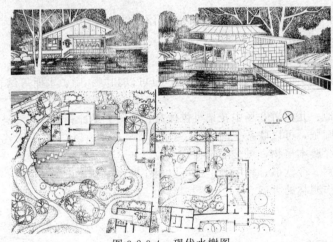

图 3-2-3-4　现代水榭图

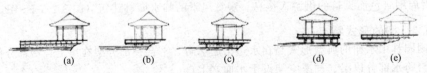

(a)　　　(b)　　　(c)　　　(d)　　　(e)

图 3-2-3-5　榭与水的结合方式

④ 整个建筑及平台均坐落在水中的柱梁结构基座上。

⑤ 以梁柱结构作为挑台的基座，在岸边以实心土台为榭的基座。

3.2.3.4 设计要点

(1) 建筑与水面、池岸的关系

① 水榭在可能范围内宜突出池岸，造成三面或四面临水的形式。

② 水榭尽可能贴近水面，宜低不宜高。

③ 在造型上，以强调水平线为宜。

(2) 建筑与园林整体空间环境的关系 园林建筑在艺术方面的要求，不仅应使其比例良好、造型美观，而且还应使建筑在体量、风格、装修等方面都能与它所在的园林环境相协调和统一。

(3) 位置 宜选在有景可借之处，并在湖岸线凸出的位置为佳。考虑对景、借景的视线。

(4) 朝向 建筑朝向切忌向西。

(5) 建筑地坪高度 建筑地坪以尽量低临水面为佳，当建筑地面离水面较高时，可将地面或平台作上下层处理，以取得低临水面的效果。

(6) 建筑性格、视野 建筑性格开朗、明快，要求视野开阔。

3.2.4 舫

3.2.4.1 舫的概念

舫的原意是船，园林中指在园林湖泊等水边建造起来的一种船形建筑，亦名"不系舟"（图3-2-4-1～图3-2-4-5）。

图 3-2-4-1 传统舫图 1

图 3-2-4-2 传统舫图 2

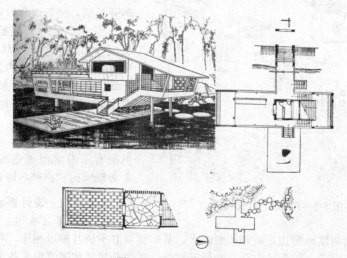
图 3-2-4-3 现代舫图 1

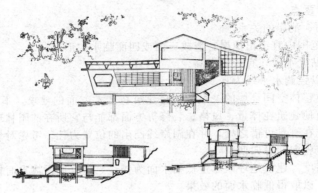

图 3-2-4-4　现代舫图 2

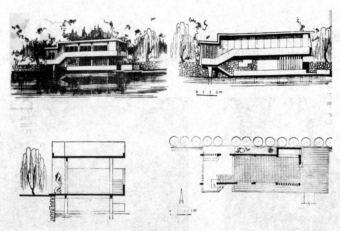

图 3-2-4-5　现代舫图 3

3.2.4.2　舫的组成

(1) 舫一般由三部分组成

① 头舱（船头）　船头作成敞篷，外形高敞，其园林功能为供人赏景和谈话（图 3-2-4-6）。

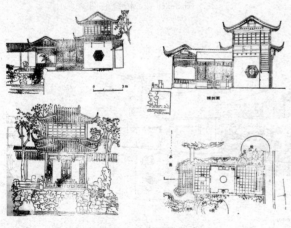

图 3-2-4-6　舫的组成

② 中舱　中舱最矮，形长而低，其功能主要为游赏、休息和宴客。舱的两侧开长窗，坐着观赏时可有宽广的视野。

③ 尾舱　后部尾舱最高，一般为两层，下实上虚，上层状似楼阁，四面开窗以便远眺。其功能为供人眺望远景。

(2) 中舱舱顶一般作成船篷式样，首尾舱顶则为歇山式样，轻盈舒展，成为园林中的重要景观。

(3) 舫在园林里，大多布置在水边。但也有不沿水而建造的，称为船厅，如上海豫园的"亦舫"即是。

3.2.4.3　设计要点

(1) 舫建在水边，一般二面临水或三面临水，其余面与陆地相连，最好四面临水，其一侧设有平桥与湖岸相连，有仿跳板之意。

(2) 舫的基本组成　船头、中仓、船尾三部分。三部分功能和建筑形式各不相同。

（3） 舫的选址宜在水面开阔处　视野开阔、体现舫的完整造型。

3.2.5　园桥

3.2.5.1　园桥的概念

桥是联系交通的重要设置，在中国自然山水园林中，地形变化与水路相隔，经常需要桥来取得联系，因此它是园林中重要的建筑之一。桥能沟通景区，组织游览路线，以其优美的造型，多样的形式，常能引起人的美好联想，故成为园林中重要的造景要素之一。

3.2.5.2　园桥的特点

① 联系水面风景点；
② 引导游览路线；
③ 点缀水面景色；
④ 增加风景层次。

园桥在造园艺术上的价值，往往超过交通功能。

3.2.5.3　园桥的位置选择

（1） 桥应与园林道路系统配合、方便交通；联系游览路线与观景点；组织景区分隔与联系。

（2） 桥设置应使环境增加空间层次、扩大空间效果（如水面大时，应选择窄处架桥；水面小时要注意水面分割使水体分而不断）。

（3） 园桥的设置要和景观相协调

① 大水面架桥，又位于主要建筑附近的，宜宏伟壮丽，重视桥的体型和细部的表现；
② 小水面架桥，则宜轻盈质朴，简化其体型和细部；
③ 水面宽广或水势湍急者，桥宜较高并加栏杆；
④ 水面狭窄或水流平缓者，桥宜低并可不设栏杆；
⑤ 水陆高差相近处，平桥贴水，过桥有凌波信步亲切之感；
⑥ 沟壑断崖上危桥高架，能显示山势的险峻；
⑦ 水体清澈明净，桥的轮廓需考虑倒影；
⑧ 地形平坦，桥的轮廓宜有起伏，以增加景观的变化。

3.2.5.4　园桥的类型

（1） 梁桥　以梁或板跨于水面之上。在宽而不深的水面上，可设桥墩形成多跨桥的梁桥。梁桥要求平坦便于行走与通车。

在依水景观的设计中，梁桥除起到组织交通外，还能与周围环境相结合，形成一种诗情画意的意境，耐人寻味。

外形简单，有直线形和曲折形，结构有梁式和板式。

梁桥的材料有木梁（板）桥、石梁（板）桥、钢筋混凝土梁（板）桥（图3-2-5-1～图3-2-5-4）。

图3-2-5-1　直线形梁桥

图3-2-5-2　曲折形梁桥

图 3-2-5-3　石梁（板）桥　　　　　　　　图 3-2-5-4　木梁（板）桥

（2）拱桥　拱桥是用石材建造的大跨度工程，功能上适应上面通行、下面通航的要求。
拱桥造型优美，曲线圆润，富有动态感，在园林中有独特的造景效果。

拱桥的形式多样，有单拱、三拱到连续多拱。

拱桥按材料可分为木拱桥、石拱桥、砼拱桥、钢筋砼拱桥、钢拱桥、铝拱桥等（图 3-2-5-5、图 3-2-5-6）。

图 3-2-5-5　单拱（颐和园玉带桥）　　　　　图 3-2-5-6　连续多拱（颐和园十七孔桥）

（3）浮桥　浮桥是在较宽水面通行的简单和临时性办法。它可以免去做桥墩基础等工程措施，它只用船或浮筒替代桥墩上架梁板用绳索拉固就成通行的浮桥。在依水景观的设计中，它起到多方面的作用，但其重点不在于组织交通（图 3-2-5-7）。

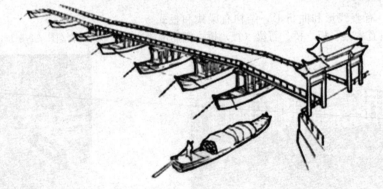

图 3-2-5-7　浮桥

（4）吊桥　在急流深涧，高山峡谷，桥下没有建墩的条件，宜建吊桥。吊桥它可以大跨度的横卧水面，钢索悬而不落。吊桥具有优美的曲线，给人以轻巧之感。立于桥上，既可远眺，又可近观

（图 3-2-5-8）。

（5）亭桥与廊桥 在亭、廊上加建桥，称为亭桥或廊桥，可供游人遮阳避雨，又增加桥的形体变化。亭桥、廊桥有交通作用又有游憩功能，起着点景、造景效果，在远观上打破上堤水平线构图，有对比造景、分割水面层次作用，很适合园林要求（图 3-2-5-9、图 3-2-5-10）。

（6）汀步 汀步又称步石、飞石、跳墩子，浅水中按一定间距布设块石，微露水面，使人跨步而过。园林中运用这种古老渡水设施，质朴自然，别有情趣。

汀步是有情趣的跨水小景，使人走在汀步上有脚下清流游鱼可数的近水亲切感。

汀步最适合浅滩小溪跨度不大的水面。也有结合滚水坝体设置过坝汀步，但要注意安全。汀步的形式有以下两种：

① 自然式 用天然石材自然式布置，宜设在自然石矶或假山石驳岸，以取得协调效果（图 3-2-5-11）。

② 规则式 有圆形、方形或塑造荷叶等水生植物造型，可用石材雕凿或耐水材料砌塑而成（图 3-2-5-12）。

图 3-2-5-8　吊桥

图 3-2-5-9　亭桥

图 3-2-5-10　廊桥

图 3-2-5-11　自然式汀步

图 3-2-5-12　规则式汀步

3.3　服务性建筑

为游人在旅途中提供生活上服务的设施，如小卖部、茶室、小吃部、餐厅、小型旅馆、厕所等。

3.3.1　小卖部

3.3.1.1　小卖部概念

为方便游客而经营糖果、饮料、饼食、香烟和旅游工艺纪念品等的小型商业服务建筑设施。提供零星副食品售卖，休憩、赏景。

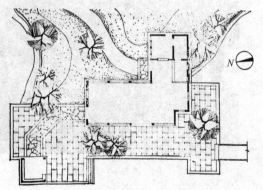

图 3-3-1-1　独立设置（单纯的小卖部
建筑，独立于其他建筑）

3.3.1.2　小卖部的类型

主要有独立设置、简易小卖部、依附于其他建筑 3 种形式（图 3-3-1-1～图 3-3-1-3）。

3.3.1.3　小卖部的特点

① 小卖部用房较少，功能比较简单，大致可以分为营业区与辅助区两部分。

② 营业区主要有营业厅。

③ 辅助区主要有：办公管理及值班室、卫生间、库房、加工间（图 3-3-1-4）。

3.3.1.4　小卖部功能关系与交通流线

(1) 功能分区　小卖部分为营业区与辅助区两部分。营业区主要是营业厅，密切服务于营业厅的是库房与加工间。库房与加工间可以合并成一个大房间，也可以分开设置。两者与营业厅紧挨在一起，方便营业厅使用。

其他办公用房可以设置在营业厅附近。所有辅助用房共同服务于营业厅。

(2) 交通流线　小卖部用房较少，交通流线也较为单一，一般只是客流直接进入到营业厅。条件允许的情况下，设置杂物院便于货物进出，方便库房与加工间的使用，同时把客流与货流分开（图 3-3-1-5）。

3.3.1.5　小卖部用房要求

① 营业厅：（20～30m²）

② 办公管理及值班室：（12m²）

③ 更衣室及厕所：（6m²）

④ 库房：（6m²）

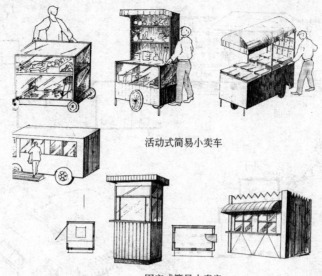

活动式简易小卖车

固定式简易小卖房

图 3-3-1-2　简易小卖部

图 3-3-1-3　依附于其他建筑（与其他建筑
共同组成，成为其建筑的一部分。比如茶室、
接待室、餐厅、游艇码头、展览馆等建筑）

⑤ 简易加工间：（8m²）

⑥ 杂物院

⑦ 总面积：50～70m²

3.3.1.6　实例

见图 3-3-1-6、图 3-3-1-7 所示。

3.3.2　接待室

3.3.2.1　概念

（1）功能　接待宾客、旅行团，提
供休息、赏景、兼作小卖、小吃、园林
管理。

（2）选址　风景区的主要风景点，

图 3-3-1-4　小卖部分析图

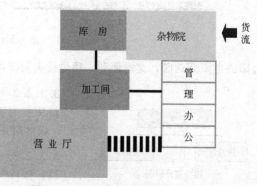

图 3-3-1-5　小卖部功能关系图

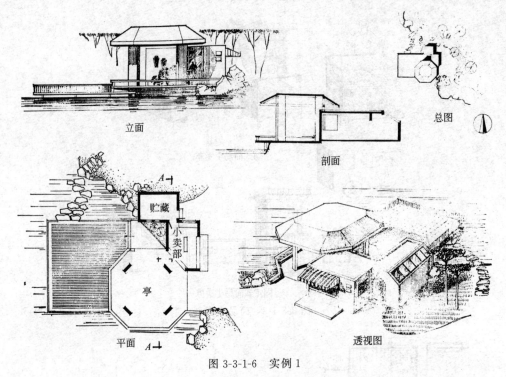

立面

剖面

总图

贮藏

小卖部

亭

平面

透视图

图 3-3-1-6　实例1

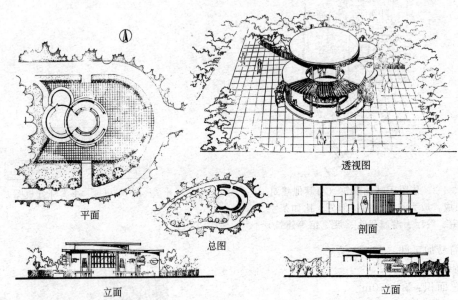

平面

总图

透视图

剖面

立面

立面

图 3-3-1-7　实例2

公园的主要活动区,交通便利,环境优美而宁静的位置。

3.3.2.2　接待室特点

接待室主要由功能分区与观景空间两部分内容组成(图3-3-2-1),设计时主要从以下两方面入手:招待区和观景区。

3.3.2.3　功能分区

(1) 接待室由接待用房、观景区和服务办公用房三部分组成(图3-3-2-2)。

接待室

招待区　观景区

接待室分析图

图 3-3-2-1　接待室

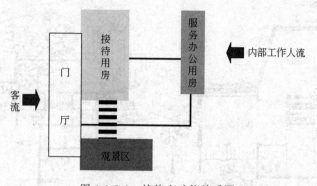

图 3-3-2-2　接待室功能关系图

（2）由于接待室不仅提供休息，同时还具备赏景的功能，所以必须设置相应的观景空间。观景空间可以与接待用房结合，也可以用挑出平台、敞廊或观景亭台等多种形式表现。

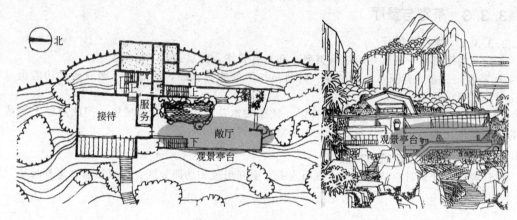

图 3-3-2-3　接待室观景图例

（3）由于接待室还要兼做小卖与小吃，所以设置相应的服务用房也很关键。服务办公用房应包括：小卖、制作间、厕所、管理室、值班室（图 3-3-2-3）。

（4）一般接待室的主要流线是客流，但特殊情况或规模较大时，可以把客流与内部工作人流分开，设置两个出入口。

3.3.2.4　接待室的用房要求

① 接待用房：（50m²）

② 值班室：（9m²）

③ 管理室：（10m²）

④ 办公室：（12m²）

⑤ 小卖部：（12m²）

⑥ 制作间：（15m²）

⑦ 厕所：（12m²×2）

⑧ 观景区：（按具体情况而定）

⑨ 总面积：150m²

3.3.2.5　实例

见图 3-3-2-4 所示。

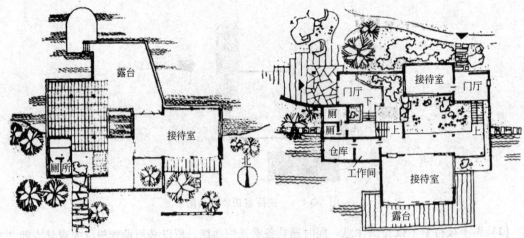

图 3-3-2-4 接待室实例

3.3.3 茶室与餐厅

3.3.3.1 茶室与餐厅

茶室与餐厅都属于餐饮业的建筑类型，都具有餐饮业建筑的基本特点。

① 茶室 注重专营茶水、饮品及一些简易加工的快餐食品，所以加工间或厨房功能组成较为简单，面积也较小一些。

② 餐厅 指营业性的中餐馆、西餐馆、风味餐馆及其他各种专营场所，因此对加工间或厨房的功能要求比较高，整个营业规模也比茶室大。

3.3.3.2 餐饮业建筑的特点

设计餐饮业建筑时应从以下几个方面入手：空间组成、功能分区、人流集散、室外环境（图3-3-3-1）。

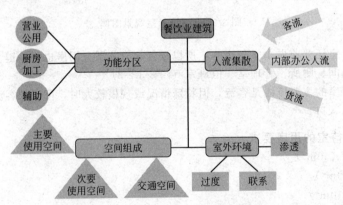

图 3-3-3-1 餐饮业建筑分析图

（1）空间组成

餐饮业建筑由主要使用空间，次要使用空间和交通空间三部分空间组成（图3-3-3-2～图3-3-3-3）。

图 3-3-3-2 空间关系

主要使用空间与次要使用空间由交通空间联系起来。

① 交通空间包括：门厅、过厅、过道、楼梯等水平和垂直交通。

② 主要使用空间是营业公用部分，主要包括：营业厅、小卖、卫生间等。

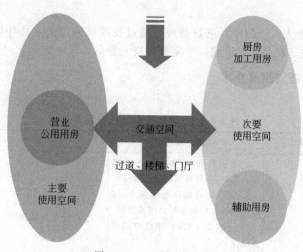

图 3-3-3-3　空间布置图

③ 次要使用空间是厨房加工及辅助用房部分，主要包括：厨房、库房、备餐、洗涤、办公、更衣、厕所等。

④ 主要使用空间应放置在重要位置，具有交通方便、引人注目等特点。对建筑功能和造型来说，都是其主体部分，需要着重刻画。

⑤ 次要使用空间放置在相对次要的位置，服务、辅助于主要使用空间。

(2) 功能分区与人流集散

① 餐饮业建筑的功能组成：餐饮业建筑一般由营业公用部分、厨房加工部分和辅助部分三部分组成。三部分相互连接，厨房加工部分和辅助部分共同服务于营业公用部分（图 3-3-3-4）。

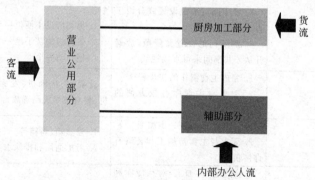

图 3-3-3-4　空间组成分析图

② 餐饮业建筑的人流集散　餐饮业建筑一般有客流、内部办公人流和货流三股人流交通。所以需要设置三个分开的出入口，以满足不同人流的交通。客流从建筑门厅进出，内部办公人员从辅助用房的出入口进出，而货物需从单独通向厨房加工用房的出入口进出。货物的出入口最好能与用地外部交通紧密联系。如厨房加工用房没有紧挨着用地外部道路，则需要单独设置道路，使货物方便从用地外部道路直接通向厨房加工用房，道路应满足主要运货交通工具的尺寸要求。

③ 规模较小或营业内容较少的餐饮业建筑可以只设客流与货流两个出入口，因为货流出入口不仅运输货物还要负责运送垃圾，如不与人流出入口分开，则会影响餐饮活动。

(3) 室外环境

① 进入到室内空间，首先要经过室外空间，所以外部环境对建筑空间有直接的影响。建筑的交通、主要立面及空间形式都受到室外环境的制约。

② 建筑出入口（门厅）是室外到室内的过度空间，建筑是通过门厅把外部环境与室内空间

联系起来的。

③ 建筑还可以对出入口（门厅）进行处理，通过视线贯通，把室外环境与室内空间等若干部分相互融合、相互渗透在一起，组成一个完整的视觉景象。

3.3.3.3 餐饮业建筑用房要求

见表 3-3-3-1。

表 3-3-3-1　餐饮业建筑用房要求

功能分区	空间名称	功能要求	家具设备	面积/m²
餐厅部分	餐厅	1. 根据餐馆经营特点可分为雅座和散座，亦可设酒吧和快餐座 2. 餐厅不仅提供餐饮服务，同时应创造良好的餐饮环境及气氛 3. 注意交通组织，体现空间的流动性 4. 也可考虑其它辅助功能	1. 座位：80 个 2. 可设小卖部、酒吧等	140
	付货部	1. 提供酒水、冷荤、备餐、结账等服务 2. 位置应设在厨房与餐厅交接处，与服务人员和顾客均有直接联系	1. 柜台、货架、付款机等 2. 可根据不同经营特点适当考虑部分食品展示功能	10
	门厅	引导顾客通往餐厅各处的交通与等候空间	1. 可设存衣、引座等服务设施 2. 设部分等候座位 3. 可设部分食品展示柜	15
	客用厕所	1. 男女厕所各一间 2. 洗手间可单独设置或分设于男女厕所内 3. 厕所门的设置要隐蔽，应避开从公共空间来得直接视线	1. 男女厕所内各设便位 1~2 个 2. 男厕所设小便位一个 3. 带台板的洗手池一个 4. 拖布池一个	15
厨房部分	主食初加工	1. 完成主食制作的初步程序 2. 要求与主食库有较方便的联系	设面案、洗米机、发面池、饺子机、餐具与半成品置放台	20
	主食热加工	1. 主食半成品进一步加工 2. 要求与主食初加工和备餐有直接联系	1. 设蒸箱、烤箱等 2. 考虑通风和排除水蒸气	30
	副食初加工	1. 属于原料加工，对从冷库和外购的肉、禽、水产品和蔬菜等进行清洗和初加工 2. 要求与副食库有较方便的联系	设冰箱、绞肉机、切肉机、菜案、洗菜池等	20
	副食热加工	1. 含副食细加工和烹调间等部分，可根据需要做分间和大空间处理 2. 对于经过初加工的各种原料分别按照菜肴和冷荤需要进行称量、洗切、配菜等过程后，成为待热加工的半成品 3. 要求与副食初加工有直接联系	1. 设菜案、洗池和各种灶台等 2. 灶台上部考虑通风和排烟处理	40
	冷荤制作	注意生熟分开	设菜案和冷荤制作台	10

功能分区	空间名称	功能要求	家具设备	面积/m²
厨房部分	主食库	存放供应主食所需米、面和杂粮		10
	副食库	1. 包括干菜、冷荤、调料和半成品 2. 冷藏库考虑保温		15
备餐部分	备餐	1. 包括主食备餐和副食备餐 2. 要求与热加工有方便联系 3. 位于厨房与餐厅之间	设餐台、餐具存放等	12
	餐具洗涤消毒间	要求与备餐有较方便的联系	设洗碗池、消毒柜等	10
辅助部分	办公室两间			24
	更衣、休息	男、女各一更衣间；休息室一间		20
	淋浴、厕所	1. 男、女厕所各一间 2. 淋浴可分设于男、女厕所内亦可集中设一淋浴间，分时使用	1. 男女厕所内各设便位1个 2. 淋浴1个 3. 男厕所设小便位一个 4. 前室设洗手盆一个 5. 拖布池一个	

注：1. 总建筑面积控制在400m²左右，浮动不超过10%。
2. 大餐厅净高不得小于3m。小餐厅净高不得小于2.6m，设空调的餐厅不低于2.4m，局部吊顶不低于3m。
3. 厨房部分净高不得小于3m。
4. 厨房应设在主要风向的下风向，厨房旁边还应设杂物院。

3.3.3.4 茶室设计
（1）茶室功能分析见图3-3-3-5。

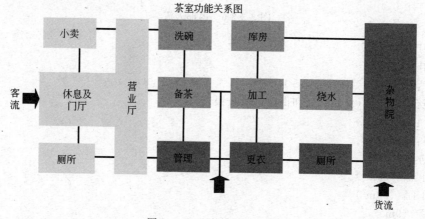

茶室功能关系图

图3-3-3-5 内部办公人流

（2）茶室用房组成
① 饮食厅部分（150m²） 茶厅，共120座（按一级饮食厅标准）。
② 公用部分
小卖部：（12m²）。
贮藏间：（12m²）。
顾客用厕所：（15m²）。
男厕——男大便器2个 小便器2个。
男洗手间——洗手盆1个。

女厕——大便器 2 个。

女洗手间——洗手盆 1 个。

门厅、过厅、休息厅，廊等按需要设置。

③ 厨房加工部分　加工间（27m²）、备茶间（9m²）、洗碗间（9m²）、库房间（9m²）、烧水间（9m²）、库房（15m²）。

④ 辅助部分

管理办公 2～4 间：（9m²）。

更衣厕所工作人员浴厕：（30m²）。

男浴厕——淋浴 1 个；洗手盆 1 个；大便器、小便器各 1 个。

女浴厕——淋浴 1 个；洗手盆 1 个；大便器 1 个。

3.3.3.5　餐厅设计

(1) 餐厅功能分析见图 3-3-3-6。

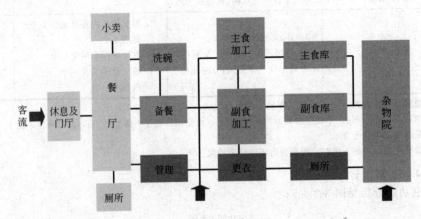

图 3-3-3-6　内部人流

(2) 餐厅用房组成

① 客用部分

营业厅：（200m²）（座位 100～120 个）。

付货柜台：10m²（食品陈列和供应，兼收银）。

门厅：15m²。

卫生间：12m²×2。

② 厨房加工部分

主食加工：（20m²）。

副食加工：（20m²）。

主食库：（9m²）。

副食库：（9m²）。

备品制作间：（12m²）（付货柜台联系方便）。

消毒、洗涤、烧水：（12m²）。

③ 辅助部分

卫生间：6m²×2。

更衣室：10m²×2。

办公室：12m²×4。

3.3.3.6　实例

见图 3-3-3-7～图 3-3-3-10。

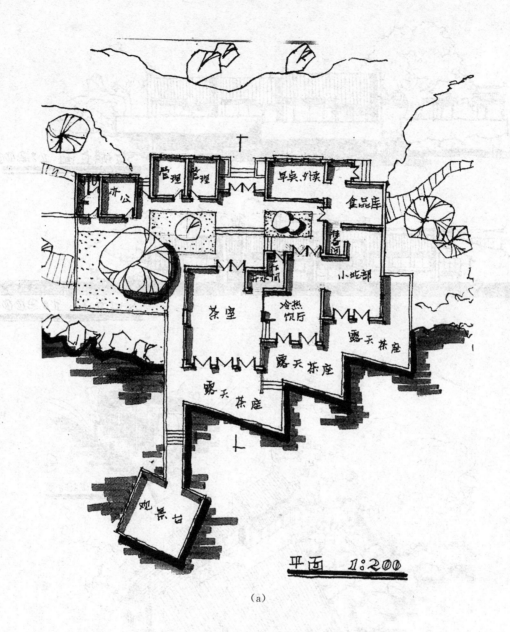

办公
管理 管理
早点、妹
食品库
售卖问
小吃部
茶室
冷热饮厅
洗水间
露天茶座
露天茶座
露天茶座
观景亭

平面 1:200

(a)

剖面 1:200

(b)

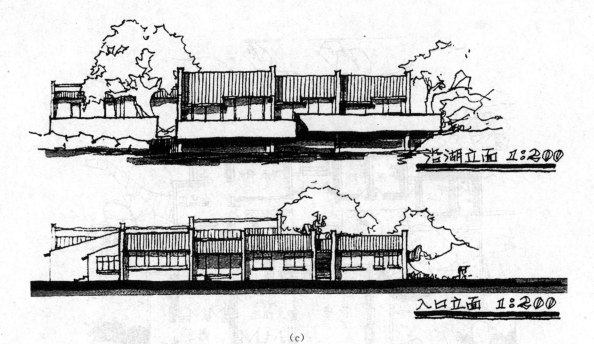

临湖立面 1:200

入口立面 1:200

(c)

总平面 1:500

(d)

图 3-3-3-7　茶室实例 1

总平面 1:200

二层平面 1:200

一层平面 1:200

(a)

北立面 1:200

剖面 1:200

南立面 1:200

(b)

图 3-3-3-8　茶室实例 2

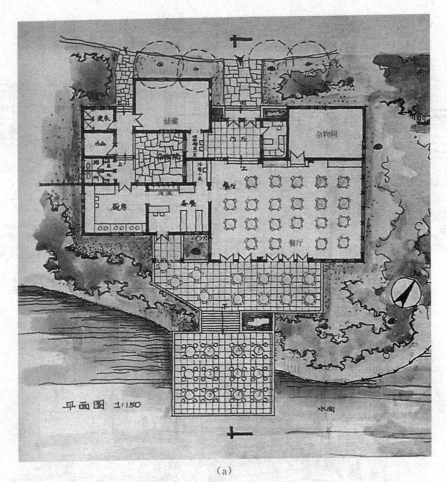

（a）

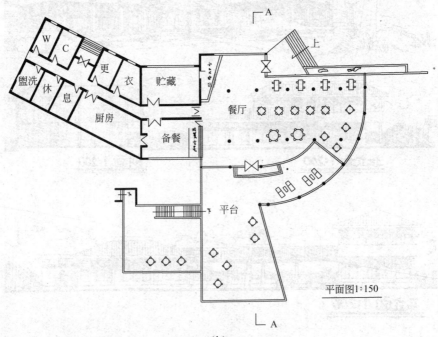

（b）

图 3-3-3-9　餐厅实例 1

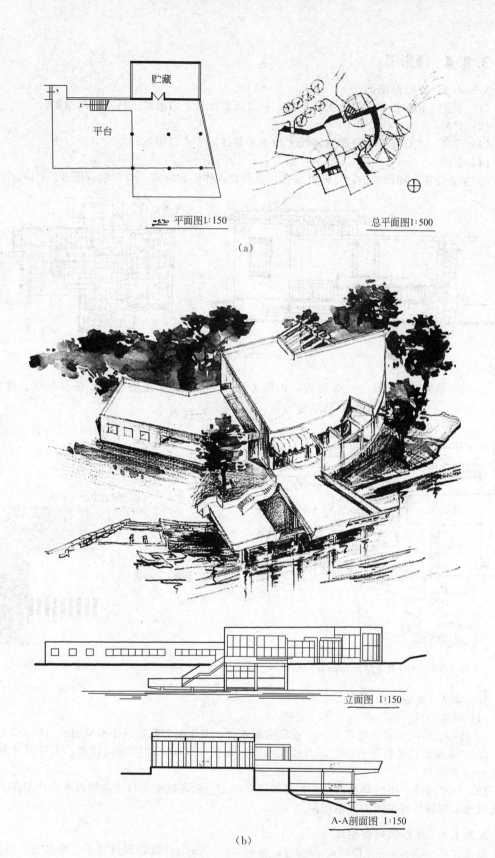

图 3-3-3-10　餐厅实例 2

3.3.4 摄影部

3.3.4.1 摄影部概念

(1) 营业　供应照相材料、租赁相机、展售园景照片、为游客进行室内外摄影。

(2) 导游

(3) 位置　多设置在主要游览路线上的主要景区或主入口附近。

(4) 规模

① 独立设置　规模较小，只设服务台，也可设工作间和暗室，较分散（图3-3-4-1）。

图 3-3-4-1　独立设置摄影部

② 与其他建筑相结合　中等规模，由服务台、工作间、暗室等组成；还可与亭、廊结合，休息、赏景；或与园内其他营业部分相结合（图3-3-4-2）。

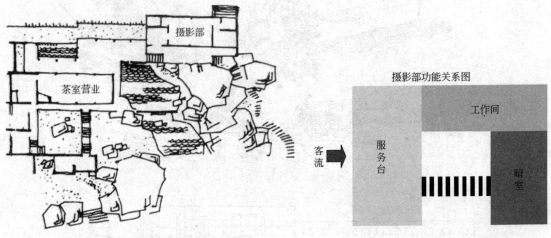

图 3-3-4-2　与其他建筑相结合的摄影部　　图 3-3-4-3　摄影部功能图

3.3.4.2 摄影部的特点

(1) 功能分区

① 摄影部房间组成比较简单，一般只由服务台，工作间和暗室三个房间组成（图3-3-4-3）。

② 工作间紧挨着服务台设置，方便其使用。暗室可以与工作间分别设置，也可以合并成一个较大的房间。

(2) 交通流线　摄影部房间较少，流线也单一。一般客流由入口进入到服务台，工作人员也由入口进入到服务台再通向其他房间。

3.3.4.3 摄影部用房组成

服务台：（15m²）；工作间：（6m²）；暗室等：（6m²）；摄影部可与亭、廊结合；总面积：30～50m²。

3.3.4.4 实例
见图3-3-4-4。

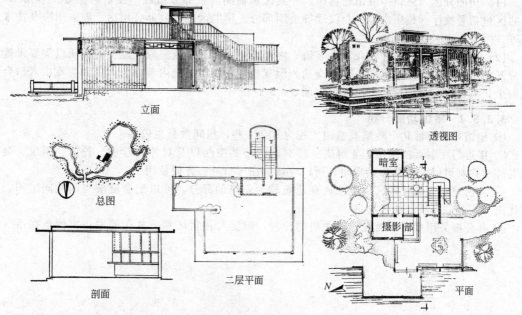

图3-3-4-4 摄影部实例

3.3.5 旅馆

3.3.5.1 旅馆概念

在园林中，提供一处可以住宿、休息、洽谈、就餐、娱乐、会议的综合性服务的中小型建筑。把大自然的景观、人类创造的物质世界通过设计联系起来，为人们提供舒适、优美、方便的游憩空间，并为维系生态、保护古迹、美化环境作出贡献，这正是旅馆建筑设计的基本概念。

3.3.5.2 旅馆设计要求

旅馆设计要充分结合地形，紧密联系建筑与环境的关系。在平面布局和建筑形体设计时，充分考虑环境对建筑的影响。做好室内外环境设计，安排好建筑与场地，道路交通方面的关系，布置一定数量的停车位及绿化面积（图3-3-5-1）。

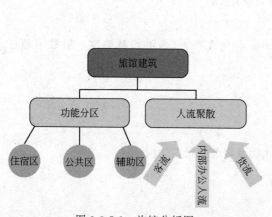

图3-3-5-1 旅馆分析图

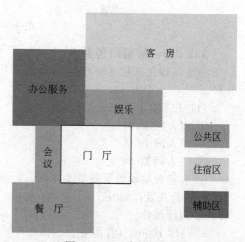

图3-3-5-2 宾馆分析图

3.3.5.3　旅馆建筑的特点

设计时应从以下两个方面入手：

（1）功能分区　旅馆一般由住宿区、公共区和辅助区三部分组成。住宿区主要是客房部分。公共区包括餐饮厅、娱乐内容、会议厅等公用部分。辅助区是行政办公用房、服务用房及技术用房等。

（2）人流聚散　旅馆建筑一般有客流、内部办公人流和货流三股人流交通。所以需要设置三个分开的出入口，以满足不同人流的交通。但规模不大时可以把内部办公人流和货流出入口合成一个，只设客流与货流两个出入口（图3-3-5-2）。

3.3.5.4　旅馆功能分析

① 旅馆功能与前几个建筑类型相比较为复杂一些，房间数量也较多。

② 接近门厅附近的用房主要解决一些对内的公共空间以及对外的营业。餐饮、娱乐、会议是对外对内都可以营业的公共空间，所以应该放在入口处，方便使用。

③ 客房是对内的住宿区，应该放在建筑较为朝里的部分，可以配合庭院空间共同组织，提供优美、安静的环境，便于休息。

④ 办公服务用房可以放在比较次要的位置，但要与住宿区和公共区能取得方便地联系（图3-3-5-3）。

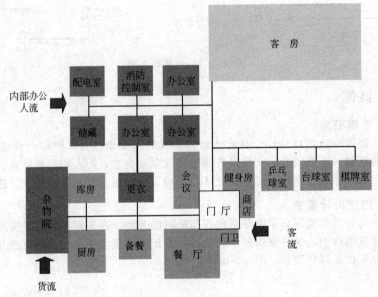

图 3-3-5-3　旅馆功能关系图

3.3.5.5　旅馆用房要求

该旅馆设置床位 150 个，总建筑面积约 $10000m^2$，允许有 $\pm5\%$ 的增减幅度，层数不超过 5 层。

（1）住宿区：$2650m^2$

① 双人间 40 间

② 单人间 10 间

③ 三人间 20 间

④ 客房各层设置服务员工作间、贮藏间、开水间及服务人员卫生间

（2）公共区：$660m^2$

① 门厅部分：

a. 门厅 $100m^2$（含服务台、休息厅）

b. 商店 $30m^2$

c. 会议室 80m²

d. 门卫值班室 15m²

② 餐厅部分：厅 200m²

(3) 厨房 80m²

① 库房 20m²

② 备餐 20m²

③ 杂物院

(4) 娱乐部分

① 健身房 100m²

② 乒乓球室 50m²

③ 台球室 50m²

④ 棋牌室 20m²

(5) 辅助区 260m²

办公服务：

① 管理办公室 15m²×3

② 男女更衣室/淋浴室 30m²

③ 储藏 10m²

④ 消防控制室 15m²

⑤ 配电室 20m²

⑥ 停车位 20 辆

3.3.5.6 总平面布置

(1) 分散式

① 布局方式：分散式（图 3-3-5-4）。

② 布局特点：客房，公共，辅助服务各
部分分散，各自单栋独立。

图 3-3-5-4 分散式

③ 旅馆与总体特点：低层客房与公共部分，掩映在庭院绿化中。

(2) 水平集中式

① 布局方式：水平集中式（图 3-3-5-5）。

图 3-3-5-5 水平集中式

② 布局特点：客房、公共、辅助服务相对集中，在水平向集中。

③ 旅馆与总体特点：多层客房楼与低层公共部分以廊水平联系并围合内庭院。

(3) 竖向集中式

① 布局方式：竖向集中式（图 3-3-5-6）。

② 布局特点：客房、公共、辅助服务全部集中在一栋楼内，上下叠合。

③ 旅馆与总体特点：多、高层旅馆，总体绿化。

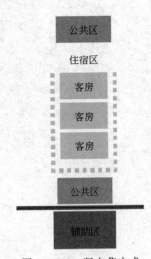

图 3-3-5-6 竖向集中式

3.3.5.7 门厅设计

(1) 缩短主要人流路线，避免交叉干扰（图 3-3-5-7）。

① 餐饮、商店、娱乐、会议等公共区内容应设置在门厅周边。这部分内容是对外（不住宿）和对内（住宿）的客人都可以使用，所以放在接近门厅、入口处方便各类客人使用（图 3-3-5-8）。

② 门厅内应包括总服务台和楼梯、电梯厅。刚到要办理住宿手续的客人可以很快到总服务台办理相关手续，而已经住宿的客人可以直接到楼梯、电梯厅到达自己的房间。各类人流路线分明，避免交叉干扰。

③ 在门厅中或入口附近可以设置庭院景观，丰富门厅空间，增加景观层次，引到视线注意，美化环境。

(2) 门厅是旅馆中最重要的枢纽，是旅客集散之地。现代的门厅往往具有兼有多种功能的特点，往往从门厅的设计就可以看出一个旅馆的等级标准。

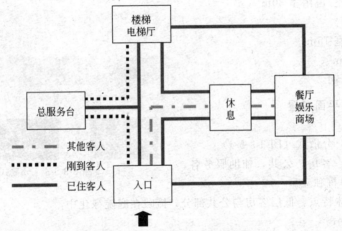

图 3-3-5-7 门厅流线分析图

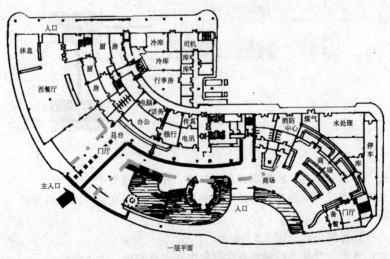

一层平面

图 3-3-5-8 门厅流线平面图

(3) 门厅内容：

① 入口：旅馆主入口及会议厅、娱乐、商店等辅助入口。

② 前台服务：登记、问讯、结账、银行、邮电、存放、行李房等。

③ 交通空间：楼电梯、通往商店、休息厅、餐厅等的通道。

④ 休息空间：座椅、水体、绿化、山石雕塑及茶座酒吧。

⑤ 辅助部分：卫生间、电话、经理台等。

3.3.5.8 餐厨设计

(1) 餐厅空间应与厨房相连，备餐间的出入口宜隐蔽，避免客人的视线看到厨房内部。备餐间与厨房相连的门与到餐厅的门常在平面上错位，并提高餐厅风压，避免厨房的油烟味及噪声窜入餐厅（图 3-3-5-9）。

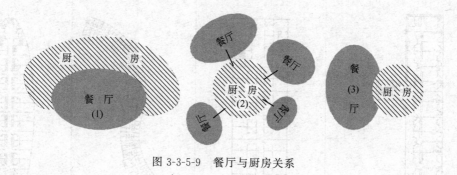

图 3-3-5-9　餐厅与厨房关系

(2) 流线通畅，客人与服务人流不重叠，服务路线小于等于 40m。避免穿越其他空间。

(3) 餐厅灵活组织，大小分隔，注重色彩、光线，顶高的变化、设计。

(4) 快餐、咖啡、酒吧靠近门厅。风味餐厅、贵宾厅可较隐蔽，通过引导到达。

(5) 餐饮布局

① 餐厅在中间，厨房围绕在周边服务。

② 餐厅在周边围绕着厨房，厨房在中心集中服务。

③ 厨房在餐厅的一侧提供服务。

3.3.5.9 客房层与客房单元

(1) 客房层功能关系

① 每一层的每个客房单元应与交通枢纽（楼梯间、电梯间）直接、紧密联系。

② 每一层都要设置服务区，为每个客房单元提供相应的服务。服务区应与各个客房单元方便联系，便于服务（图 3-3-5-10）。

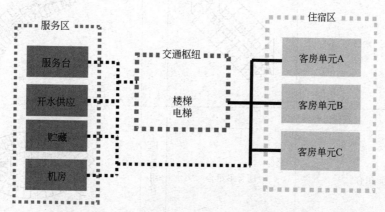

图 3-3-5-10　客房层功能关系图

（2）客房层设计要求：客房单元要争取最好的景观与朝向；交通枢纽居中；旅客流线与服务流线分开；提高客房层平面效率；创造客房层的环境气氛。

（3）客房层平面类型

客房层平面可分为直线型平面、曲线型平面、直线与曲线相结合的平面三种类型。平面较紧凑、经济，交通路线明确、简捷（表 3-3-5-1）。

表 3-3-5-1　客房层平面类型

直线型平面			曲线型平面		
一字形平面			线形平面		
单面走廊		双面走廊	单面走廊		双面走廊
折线形平面			曲线组合形平面		
直角相交		钝角相交			
			线形组合		
直线组合形平面					
交叉形组合		围合形组合	围合形组合		

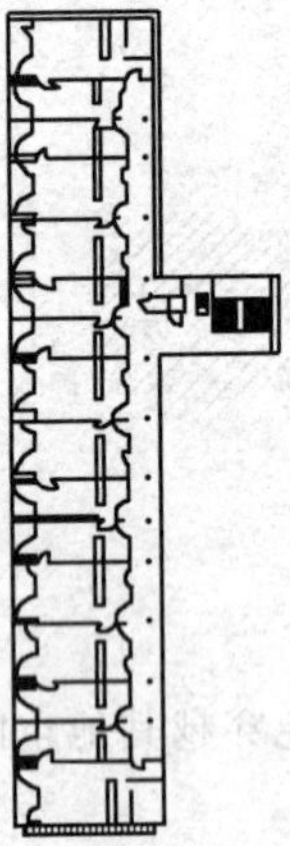

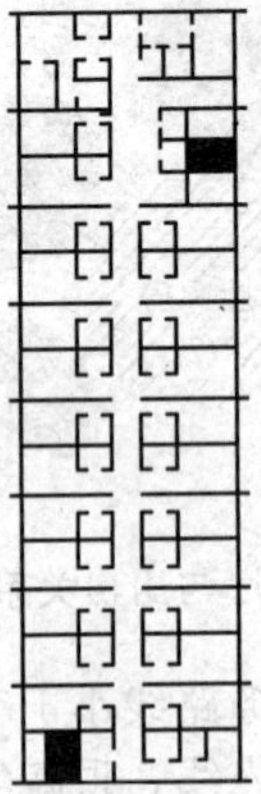

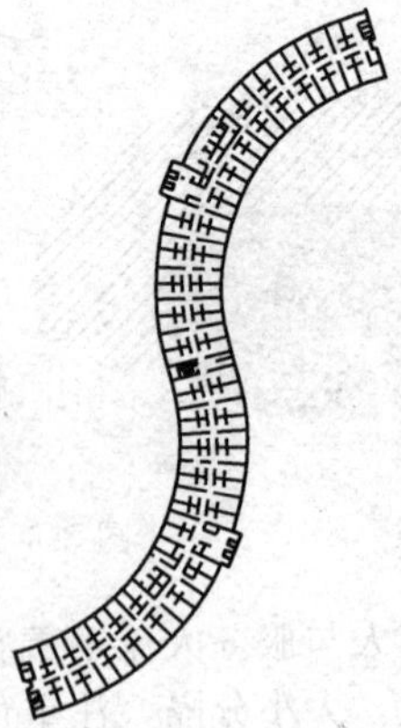

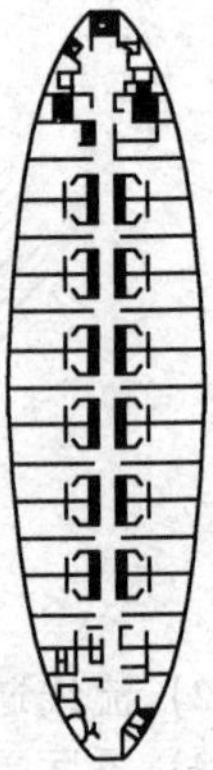

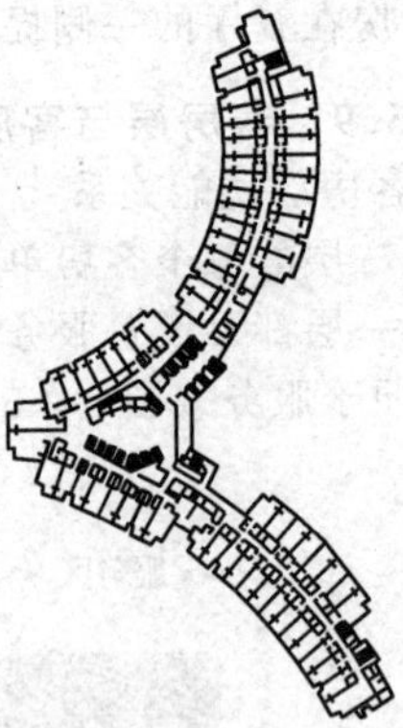

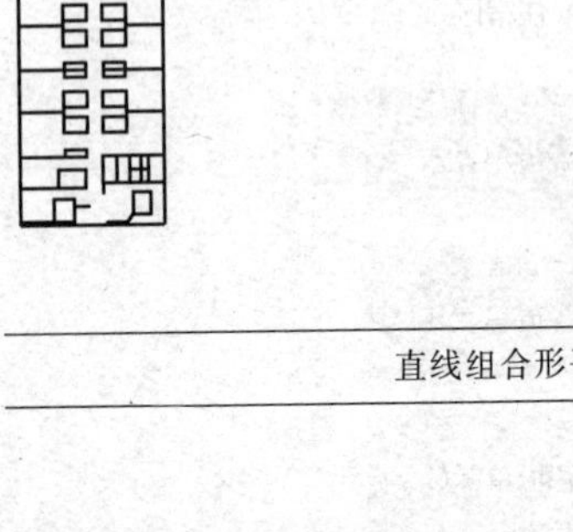

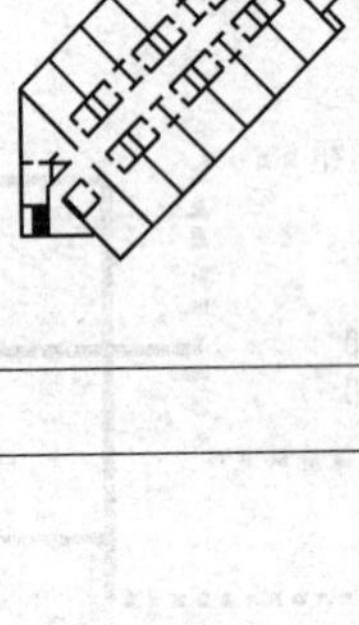

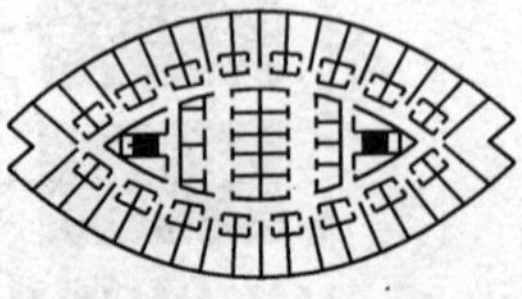

直线型平面		曲线型平面

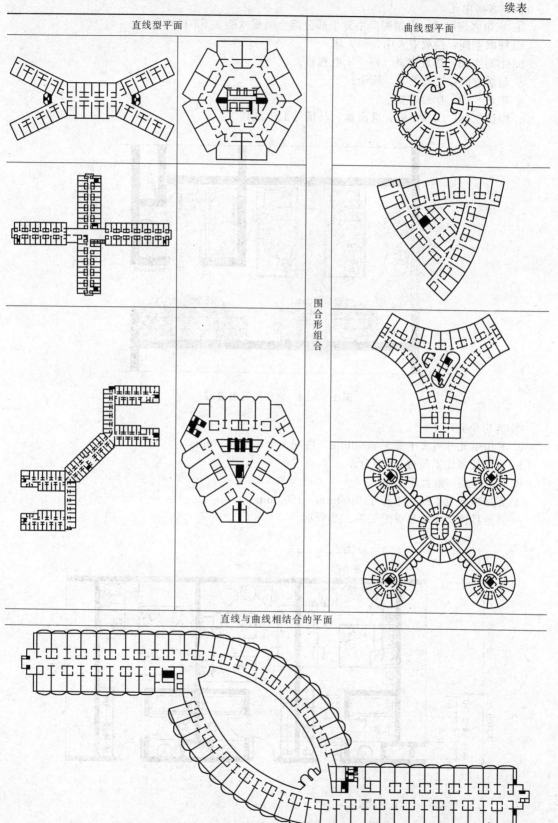

(4) 客房单元

① 宾馆客房组成　宾馆客房由五个部分组合而成（图 3-3-5-11）：

a. 睡眠空间：摆放双人床、单人床。

b. 书写空间：摆放书桌、椅子、电视机。

c. 起居空间：摆放茶几、椅子。

d. 贮藏空间：摆放衣柜。

e. 盥洗空间：摆放浴缸、洗面盆、马桶等卫生洁具。

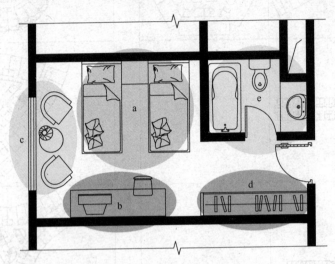

图 3-3-5-11　客房单元组成图

② 客房单元尺寸

a. 客房单元开间大于等于 3600mm，进深大于等于 6300mm。

b. 客房长宽比不超过 2：1 为宜。

c. 客房净高一般大于 2.4m。

d. 客房单元卫生间大于等于 2400mm×1500mm。

e. 其他具体尺寸请参看图 3-3-5-12 所示。

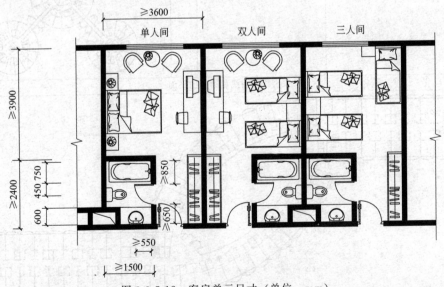

图 3-3-5-12　客房单元尺寸（单位：mm）

③ 各类客房单元组合：单人间、双人间、三人间、套房（表 3-3-5-2）。

表 3-3-5-2　各类客房单元组合

单人间

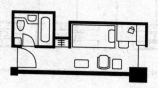 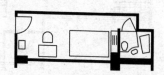

双人间

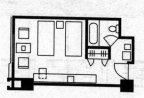 

三人间

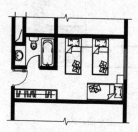

套房

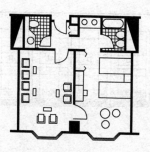 

3.3.5.10 实例

见图 3-3-5-13、图 3-3-5-14。

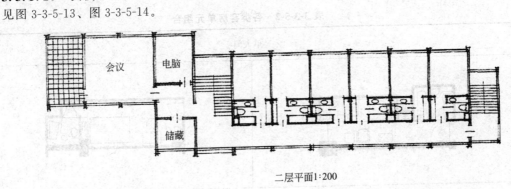

二层平面1:200

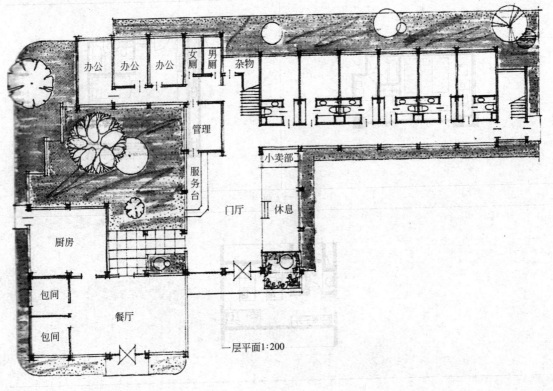

一层平面1:200

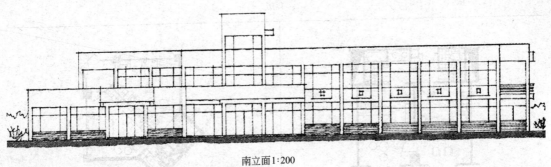

南立面1:200

(a)

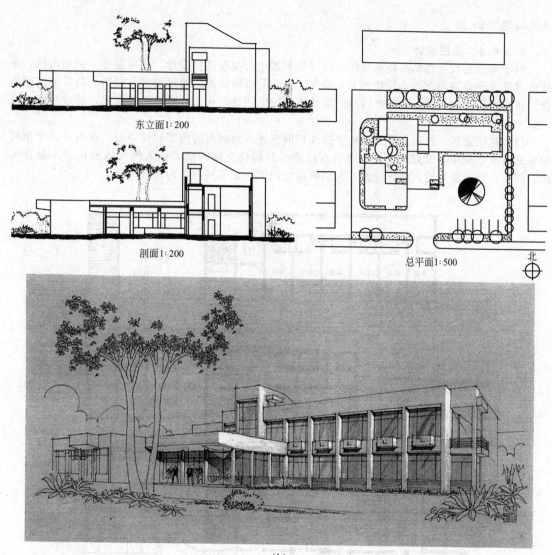

东立面1:200

剖面1:200

总平面1:500

北

(b)

图 3-3-5-13　旅馆实例 1

3.3.6　厕所

3.3.6.1　厕所的概念

厕所是指园林中独立于其他建筑的公用卫生间，以园林规模为基础，按一定比例设置，方便游人去卫生间。

3.3.6.2　厕所的特点

厕所主要包括功能、视线、尺寸等内容，设计厕所时应从以下三个方面入手：功能分区、视线设计、基本尺寸（图 3-3-6-1）。

3.3.6.3　厕所的功能分区

① 厕所一般由前室和厕所（蹲位区）两部分组成。

② 前室是公共区，可以不用回避视线，或是为了遮挡视线的辅助空间，是厕所重要的空间部分，不能省略。必要时，可以把洗手池、拖把池等公用设施放在前室区。

③ 厕所区就是蹲位区，是较为隐私的空间。可以按一定比例设置马桶与蹲坑，男厕需设小

便池（图 3-3-6-2）。

3.3.6.4　视线设计

由于厕所是较为隐私的建筑空间，所以要对其进行视线遮挡设计。从前室进入到厕所区，是从外部进入到建筑内部，从公众到个人隐私，视线要有所回避。通过前室与厕所区巧妙的空间组合，使人在运动过程中，自然地转身，运动流线发生回转，从而打断连续的视线，造成视线遮挡（图 3-3-6-3）。

(1) 视线遮挡　就厕人员通过厕所的外部前室进入到厕所的内部厕位空间，在前室这个相对向外的过度空间中，设置遮挡外部视线直接能看到厕位空间的墙，让人的视线和运动不是直线的，而是自然形成折线，确保没有进入到厕位空间时，看不到厕位内部（图 3-3-6-4）。

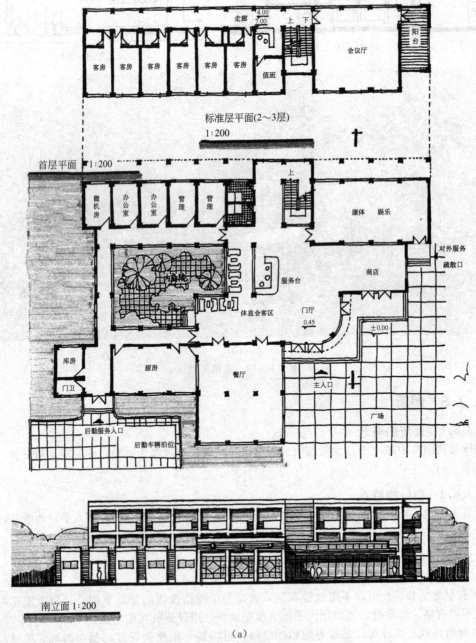

（a）

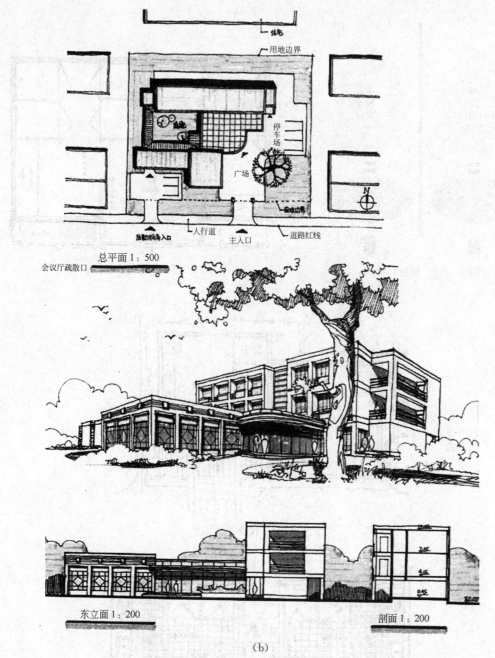

会议厅疏散口

东立面 1：200   剖面 1：200

(b)

图 3-3-5-14　旅馆实例 2

（2）前室设置　需巧妙安排前室与厕位空间，就厕人员通过从厕所的外部进入到相对公共的空间前室时，视线和运动是直接的，成直线；但当从前室进入到厕所的内部厕位空间时，则需转身，使视线和运动发生转折，在没有转身之前不能直接看到厕位内部，确保厕位内部的私密性（图 3-3-6-5）。

3.3.6.5　厕所设计的基本尺寸

① 不论设置马桶还是蹲坑，蹲位门朝内开时：蹲位长都要大于 1200mm，蹲位门朝外开时：蹲位长都要大于 1400mm。蹲位宽为 900mm。

图 3-3-6-1　厕所分析图

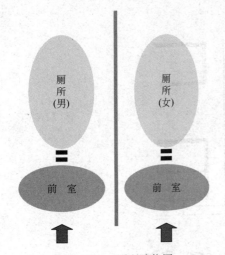

图 3-3-6-2 厕所功能图

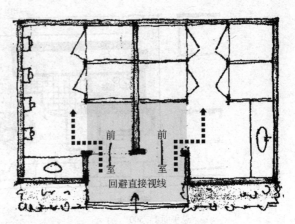

图 3-3-6-3 厕所的视线设计

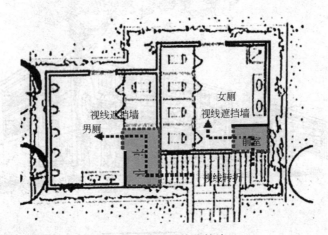

图 3-3-6-4 视线遮挡墙

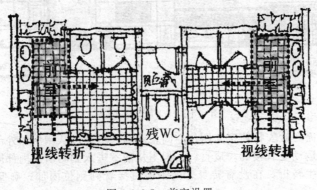

图 3-3-6-5 前室设置

② 厕所总宽大于 2550mm，男厕所由于要设小便池，所以总宽大于 3050mm。厕所总长由设置几个蹲位而定。

③ 前室如设置两个洗面池，长宽尺寸为：2550mm×1800mm。

④ 其他具体尺寸请参图 3-3-6-6 所示。

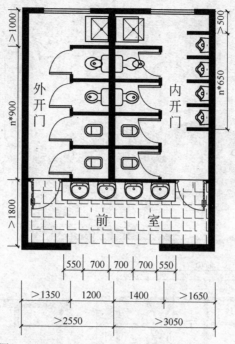

图 3-3-6-6　厕所设计的基本尺寸（单位：mm）

3.3.6.6　厕所设计的用房要求

① 男厕（12m²）：蹲位 2 个，小便斗 4 个，洗面盆 2 个，拖地池 1 个。

② 女厕（12m²）：蹲位 4 个，洗面盆 2 个，拖把池 1 个。

③ 前室：5m²×2。

④ 总建筑面积：50m²。

3.3.6.7　实例

见图 3-3-6-7、图 3-3-6-8。

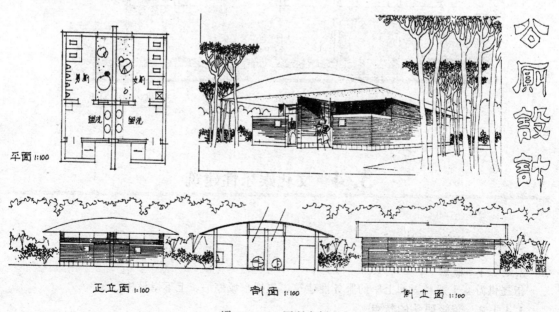

图 3-3-6-7　厕所实例 1

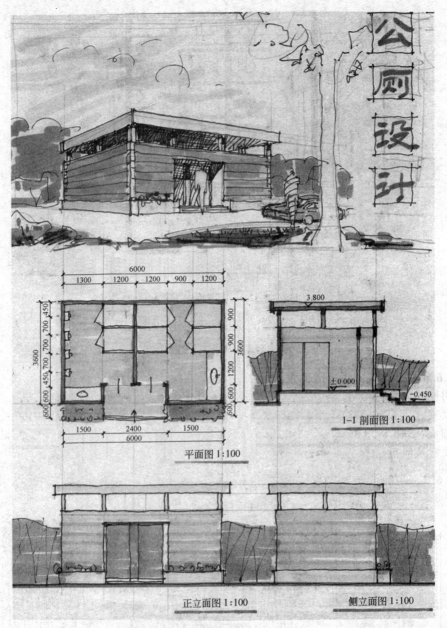

图 3-3-6-8　厕所实例 2（单位：mm）

3.4　文化娱乐性建筑

3.4.1　游艇码头

3.4.1.1　概念
指提供游客上船及返回上岸的服务性建筑，包括水域停泊、上下岸设施。

3.4.1.2　游艇码头的特点
设计游艇码头时应从功能分区和人流聚散两方面入手。

（1）功能分区 游艇码头一般由候船厅、水上平台和管理办公用房三部分组成（图 3-4-1-1、图 3-4-1-2）。游客检票后，在水上平台登船游湖。小规模的游艇码头，可以不设候船厅、直接在水上平台区候船，但在水上平台区应设有顶的、提供休息候船厅等待的空间。大规模的游艇码头、候船厅与水上平台应分开设置。人流量大，不分别设置，容易出现拥挤、滞留，发生危险。

（2）人流聚散 游艇码头一般由游客流线和内部办公流线两股流线组成交通。应该分别设置两个出入口，以满足不同流线交通。游客买票后经过检票口进入到建筑内部，顺着指引路线到达候船厅，候船厅旁设有小卖部（小卖部可以直接与建筑外部连接，方便售货）、卫生间，方便候船的游客使用。待登船时，游客进入水上平台、准备登船。游览结束时，回到平台。可以原路返回，但最好另设一条离开游船码头的专用走道。

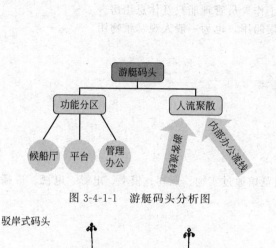

图 3-4-1-1 游艇码头分析图

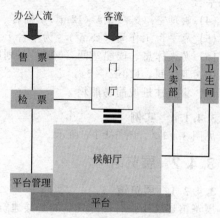

图 3-4-1-2 游艇码头功能关系图

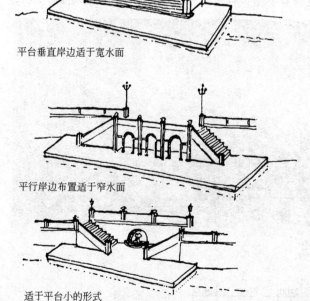

驳岸式码头

平台垂直岸边适于宽水面

平行岸边布置适于窄水面

适于平台小的形式

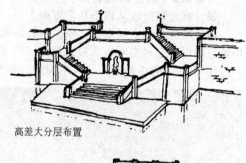

高差大分层布置

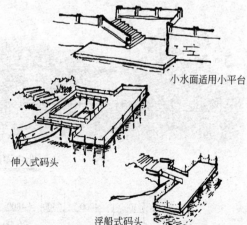

小水面适用小平台

伸入式码头

浮船式码头

图 3-4-1-3 码头类型

3.4.1.3　游艇码头的组成

(1) 水上平台　为上船登岸的地方，一般城市公园，水位稳定而平静，上下小游船不需挑板，只需高出水面30～50cm。专用停船码头应设拴船环与靠岸缓冲设备，专为观景的码头可设栏杆与坐凳，平台岸线长不少于两只船的长度，进深不小于2～3m，应选择适宜的朝向，避免日晒以及采取遮阳措施，平台上应将出入人流分流（图3-4-1-3）。

(2) 蹬道台级　为平台与不同标高的陆路联系而设的，每级高度≤130mm，宽度≥330mm，每7级到10级应设休息平台，可布置成垂直岸线或平行岸线多种方式，为了安全起见，设栏杆和灯具。

(3) 售票室与检票口（12m²）　售票兼回船计时退押金或回收船桨等用，检票后按顺序进入码头平台。

(4) 管理室（贮藏室）（12m²）　播音、存桨、工作人员休息。

(5) 靠平台工作间（15m²）　为平台上下船工作人员管理船只及休息用房。

(6) 游人休息、候船室间（50m²）　划船人候船用，也为一般人观赏景物用。

(7) 卫生间：（10m²×2）。

(8) 集船柱桩或简易船坞

3.4.1.4　实例

见图3-4-1-4、图3-4-1-5所示。

3.4.2　展览馆

3.4.2.1　展览馆

展览馆是展出临时性陈列品的公共建筑。展览馆通过实物、照片、模型、电影、电视、广播等手段传递信息，促进发展与交流。

3.4.2.2　展览馆的特点

设计展览馆时应从以下几个方面入手：

(1) 展览馆的空间组成　规模不大的展览馆一般由串联空间组合、放射性空间组合及放射兼串联空间组合三种空间组合形式组成（图3-4-2-1）。

① 串联空间组合形式　首尾相连，相互套穿类型；特点：方向单一，线路简单明确，入口

北立面图

3000　4800　2400　4800　2400　6000　2400

26000

(a)

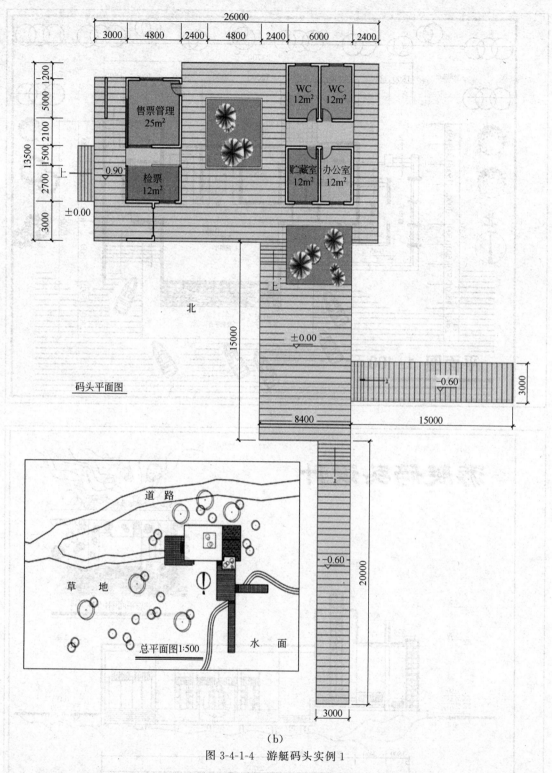

图 3-4-1-4　游艇码头实例 1

可分，紧凑，不灵活，不利于单独开放某个展厅（图 3-4-2-2）。

② 放射性空间组合形式　放射状交通枢纽，参观完一个展厅后，需回到枢纽区，再进入到另一个展厅。特点：展厅可单独开放，流线不够明确，容易停滞（图 3-4-2-3）。

③ 放射兼串联空间组合形式　展厅空间直接连通，又可用枢纽交通或通道联系各个展览空间。

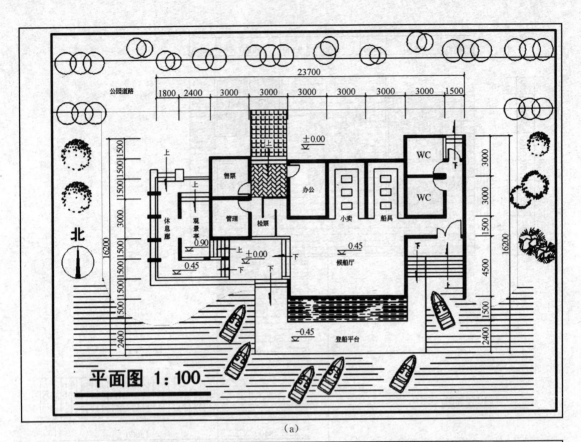

(a)

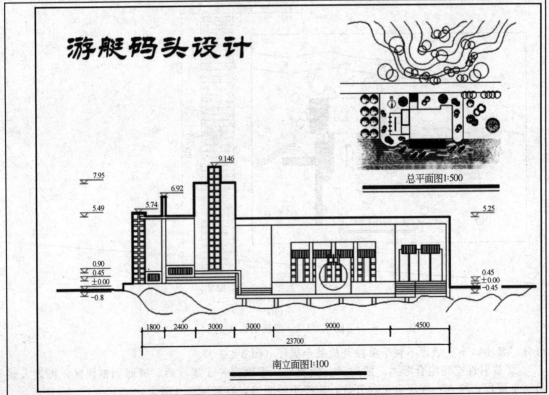

游艇码头设计

总平面图1:500

南立面图1:100

(b)

图 3-4-1-5　游艇码头实例 2

图 3-4-2-1　展览馆分析图

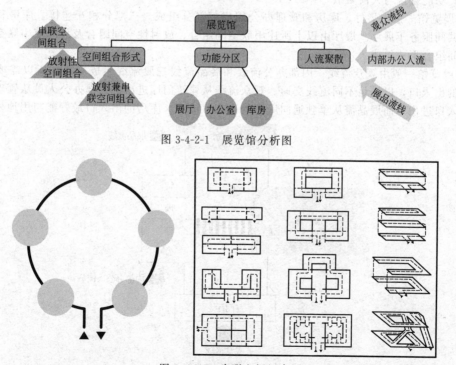

图 3-4-2-2　串联空间组合

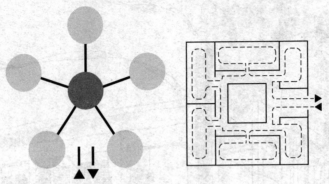

图 3-4-2-3   放射性空间组合

特点：连续性，单独使用性（图 3-4-2-4）。

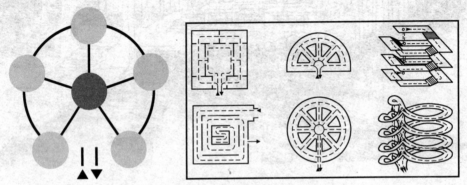

图 3-4-2-4   放射兼串联空间组合

(2) 功能分区与人流聚散

① 展览馆一般由展厅、库房和管理办公用房三部分组成。三部分相互连接，库房和管理办公用房共同服务于展厅。展厅由以上所述串联空间组合、放射性空间组合及放射兼串联空间组合三种空间组合形式组成。

② 展览馆一般由观众流线、内部办公流线和展品流线三股流线组成交通，所以需要设置三个分开的出入口，以满足不同流线交通。观众流线从建筑门厅进出，内部办公人员从管理办公用房的出入口进出，而展品需从单独通向库房的出入口进出。库房的出入口最好能与用地外部交通

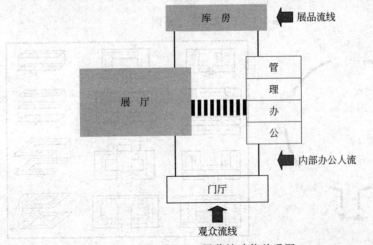

图 3-4-2-5   展览馆功能关系图

紧密联系。如库房没有紧挨着用地外部道路，则需要单独设置道路，使展品方便从用地外部道路直接通向库房，道路应满足主要运输交通工具的尺寸要求（图 3-4-2-5）。

3.4.2.3 展厅的布置形式

（1）展厅可以由单线、双线、灵活布置三种布置形式。

单线参观：出入口分别设置。

双线参观：出入口合并。

灵活布置：比较自由，没有统一的参观流线（表 3-4-2-1）。

表 3-4-2-1 展厅的布置形式

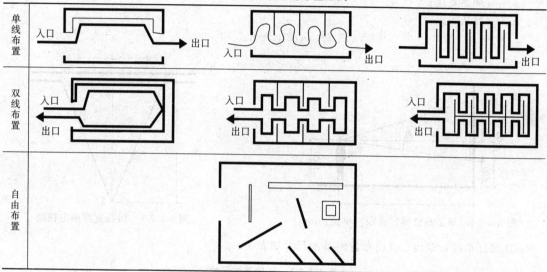

（2）展厅的参观流线：展厅可以分为顺流参观、回流参观、混合参观三种参观流线（表 3-4-2-2）。

表 3-4-2-2 参观流线

顺流参观	
	展室出入口分别在展室两翼，人流具有明确的顺序性和连续性，展出设施多采用版面陈列与橱柜陈列。
回流参观	
	展室出入口在同一位置，人流线路成回流线路，出入口最好在展室一端或中部。 如设在一侧时，出入口应设在两个角部，以免产生人流聚集现象。
混合参观	
	展室进深较大，或大厅中采用立体陈列或单元陈列方式，则人流线路不是单一的明确线路，人流流向会产生"渗流"现象。展室的出入口反映的是总的前进趋势，观众在前进过程中，可以自由选择参观对象。

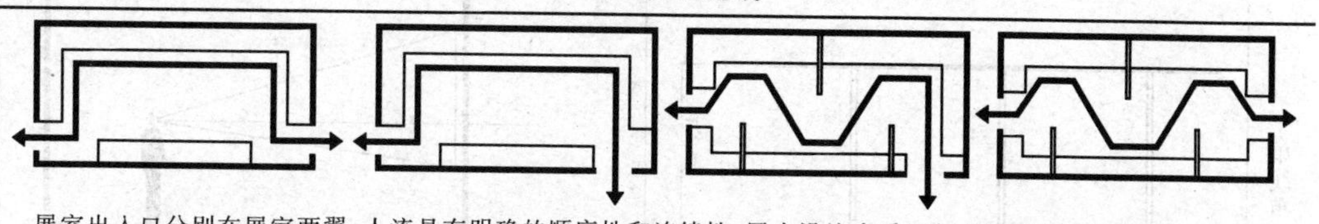

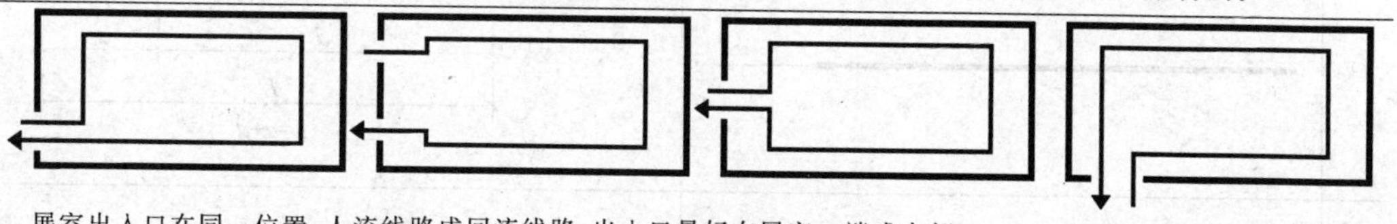

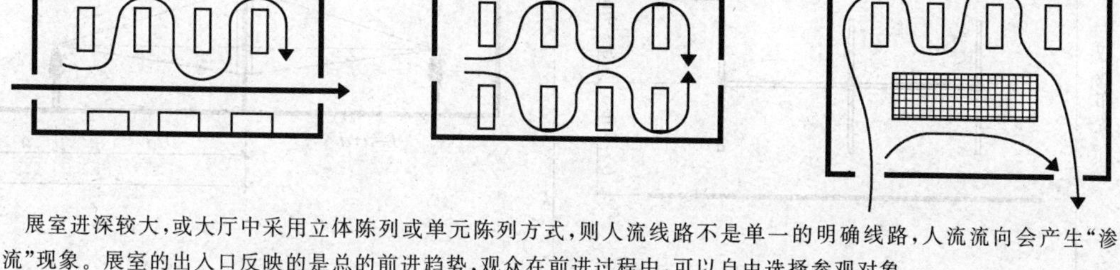

(3) 展厅基本尺寸

① 展品高度确定视距：展品布置在视点 S 在垂直面形成的 26°夹角内。

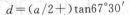

$$d = 2h$$

d——视距；

h——展品高度。

一般展品悬挂高度离地：0.8～3.5m（图 3-4-2-6）。

② 展品宽度确定视距：展品布置在视点 S 在水平面形成的 45°夹角内（图 3-4-2-7）。

d——视距；

a——展品宽度；

b——展品间距。

$$d = (a/2 +) \tan 67°30'$$

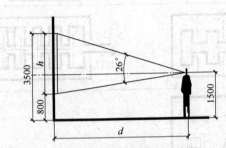

图 3-4-2-6　展品高度确定视距（单位：mm）

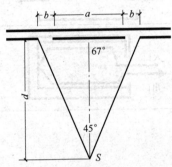

图 3-4-2-7　展品宽度确定视距

③ 展厅单线，双线，自由布置时基本尺寸如表 3-4-2-3

表 3-4-2-3　展厅基本尺寸

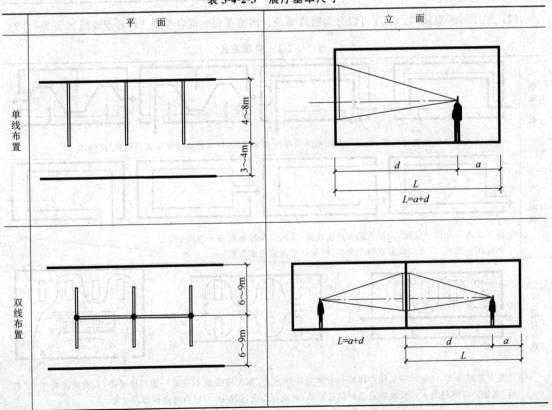

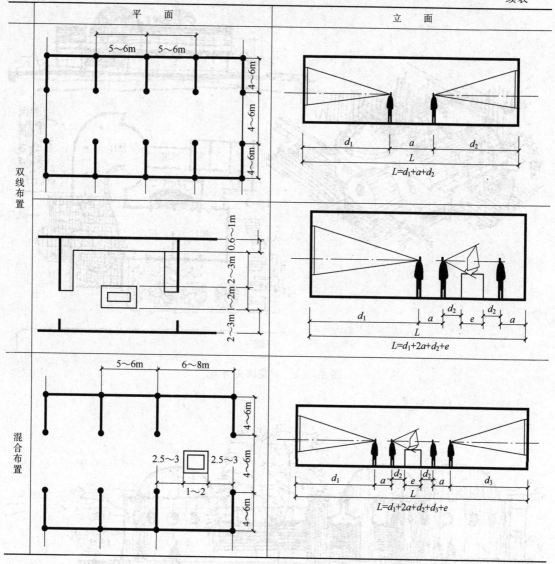

3.4.2.4 展厅的空间形状

① 长方形 能获得摊位布置的最大值；走道通畅、便捷，占用面积小。

② 正方形 摊位容易布置，排列整齐，走道便捷，参观路线明确，灯光布置有利于组成天棚图案，渲染展览气氛，展览形式丰富。

③ 圆形 摊位布置富有变化，走道布置适当时方便参观；展厅一般照明须与走道方向取得呼应；展览形式设计较难，灵活性差。

④ 多边形 摊位布置受限制；走道方向应方便而且不影响观众视线；展厅一般照明注意整体；展览形式设计应利于边角落。

3.4.2.5 展览馆的用房要求

① 展厅三个（可分可合）：50m^2×3。

② 门厅兼休息厅：45m^2。

③ 办公室三个：15m^2×3

④ 库房（两个）：15m^2×2

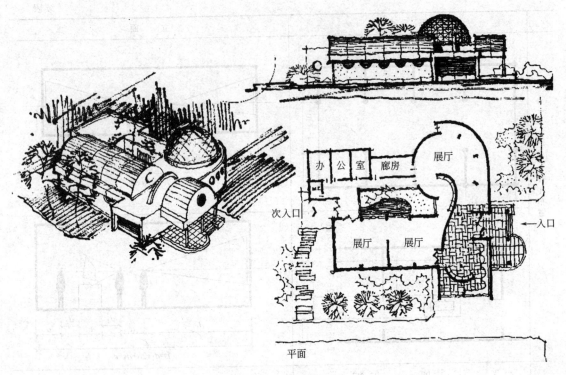

图 3-4-2-8　展览馆实例 1

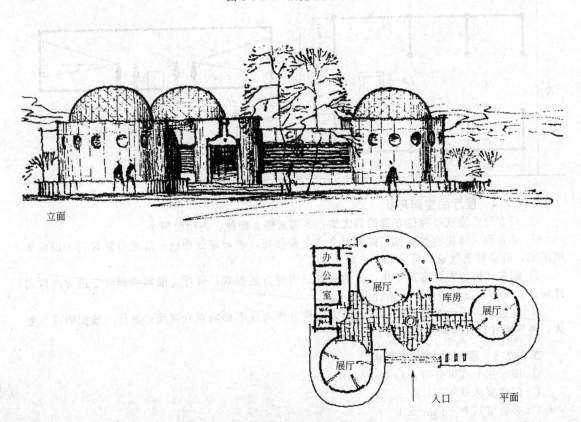

图 3-4-2-9　展览馆实例 2

⑤ 厕所盥洗间：$9m^2 \times 2$

a. 自然采光及人工采光，其中自然采光分为：侧高窗采光和天窗采光，小型展览馆应尽量采用自然采光，而大中型展览馆则以人工采光为主。

b. 层高：$4 \sim 6m$。

3.4.2.6 展览馆实例
见图 3-4-2-8、图 3-4-2-9。

3.5 园林管理用房

3.5.1 公园大门

3.5.1.1 公园大门
公园大门是各类园林中最突出、最醒目的部分。由于公园的内容不同，其大门的形象也有很大的区别。如小游园、城市公园和郊外公园的大门就迥然不同。

3.5.1.2 公园大门的功能
公园大门主要有集散交通，门卫、管理，组织园林出入口的空间及景致，形象具有美化街景的作用。

3.5.1.3 公园大门的组成
公园大门的组成，因园林的性质、规模、内容及使用要求的不同而有所区别，按目前最普遍的公园类型，其组成大致有以下内容：出入口，售票室及收票室，门卫、管理及内部使用的厕所，公园出入口内、外广场及游人等候空间，自行车存放处，小型服务设施如小卖部、电话厅、照相点、物品寄存、游览指导等。

3.5.1.4 公园大门的位置选择
① 城市公园大门要便于游人进园。
② 与城市总体布置有密切关系。
③ 一般城市公园的主要入口位于城市主干道的一侧。
④ 较大的公园还在其他不同位置的道路设置若干个次要入口，以方便游人入园。
⑤ 大门位置能够组织游览路线。
⑥ 具体位置要根据公园的规模、环境、道路及客流方向、客流量等因素而定。

3.5.1.5 公园大门的平面类型
① 对称式　纪念性公园大门的总体布局多具有明显的中轴线，大门的轴线亦多和公园轴线一致（可取得庄严、肃穆的效果）。
② 非对称式　游览性公园多为不对称的自由式布局，不强调大门和公园主轴线相应的关系（可取得轻松、活泼的效果）。
③ 综合式　大门的位置一般均和公园的总平面的轴线有密切关系。

3.5.1.6 公园大门的空间处理
公园大门的平面主要由大门、售票房、围墙、橱窗、前场或内院等部分组成。公园大门的空间处理包括门外广场空间和门内序幕空间两大部分。

(1) 门外广场空间　门外广场是游人首先接触的地方。一般由大门、售票房、围墙、橱窗等围合形成广场，广场内再配以花木等。

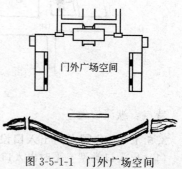

图 3-5-1-1　门外广场空间

门外广场具有缓冲交通的作用，广场空间的组织要有利于展示大门的完整艺术形象（图3-5-1-1）。

(2) 门内序幕空间 门内序幕空间根据平面形式可分为约束性序幕空间和开敞性序幕空间。两者都有序幕空间的特点，但由于内容和形式的不同，各自所表现的功能和作用有其自身的特点。

① 约束性序幕空间 入园内后由照壁、土丘、水池、粉墙和大门等所组成的序幕空间（图3-5-1-2、图3-5-1-3）。

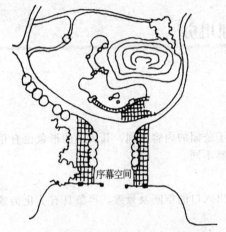

图 3-5-1-2 约束性序幕空间 1

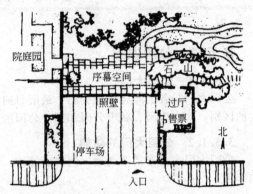

图 3-5-1-3 约束性序幕空间 2

特点：缓冲和组织人流、丰富空间变化、增加游览程序。

② 开敞性序幕空间 进入公园大门后，没有形成围合空间，直接由一条进深很长的道路引导到公园内部（图3-5-1-4）。

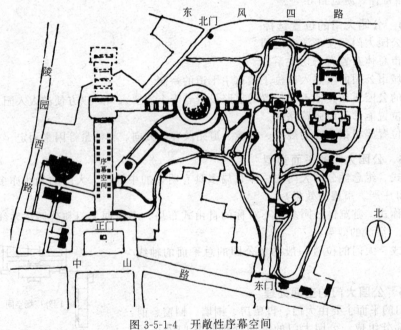

图 3-5-1-4 开敞性序幕空间

特点：纵深较大。

3.5.1.7 公园大门出入口设计

(1) 出入口类型 平时出入口（小型）、节假日出入口（大型）（表3-5-1-1）。

表 3-5-1-1　公园大门出入口设计

平时与假日出入口合一	平时与假日出入口合一,车流人流不分。适于人流量不大的小型公园或大型公园的次要入口,专用门
平时出入口　假日出入口	平时与假日出入口分开,售票管理用房设在小出入口一侧,适于一般公园大门
平时出入口　假日出入口	大小出入口分开,收票室设在大小出入口之间,可兼顾两侧收票,便于平时,假日及人流量较大时使用
出口　　　入口	出入口分开设置,入口人流紧连游览路线起点,而出口人流恰在游览路线终点,紧接出口大门,适于大型公园使用。尤其是游览顺序较强的园林如:植物园,动物园等
出入口对称布置	出入口对称布置,大小出入口分开,中轴两侧设同样内容,适于大型公园。一般从功能管理上并无对称需要,主要是形式上服从对称的要求

(2) 出入口尺度　主要是人流、自行车和机动车通行宽度:

① 单股人流:600～650mm;

② 双股人流:1200～1300mm;

③ 三股人流:1800～1900mm;

④ 自行车和小推车:1200mm;

⑤ 两股机动车并行:7000～8000mm。

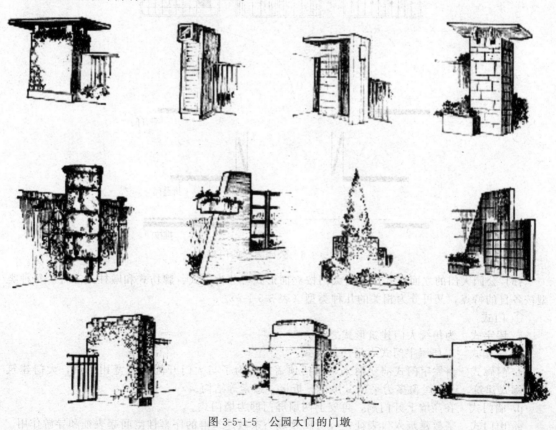

图 3-5-1-5　公园大门的门墩

(3) 公园大门的门墩　公园大门悬挂、固定门扇的部件；其造型是大门艺术形象的重要内容；其形式、体量、质感等均应与大门总体造型协调统一；形式：柱墩、实墙面、高花台、花格墙、花架廊等（图 3-5-1-5）。

(4) 公园大门的门扇

① 公园大门的围护构件、装饰的细部，如门扇的花格、图案应与大门的形象协调统一，与公园的性质互相呼应。

② 门扇的高度一般不低于 2m。

③ 以竖向条纹为宜。

④ 竖向条纹间距不大于 14cm。

⑤ 按材料分类有金属门扇、木板门扇、木栅门扇。

⑥ 按开启方式分类有平开门、折叠门、推拉门（图 3-5-1-6）。

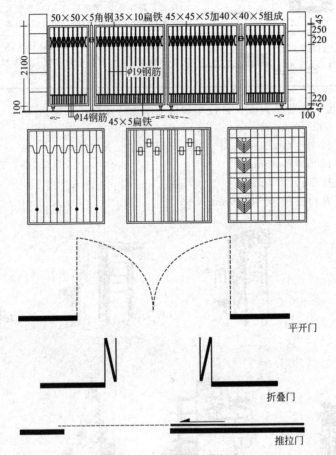

图 3-5-1-6　公园大门的门扇

(5) 公园大门的立面形式　公园大门按立面形式可分为门式、牌坊式和墩柱式三种。每种类型按各自的特点，又可分为相关的几种类型（表 3-5-1-2）。

① 门式

a. 屋宇式　为传统大门建筑形式之一。

b. 门楼式　二层屋宇门式大门建筑形式。

c. 门廊式　由屋宇门式演变而来，包括顶盖。为了与大门开阔的面宽相协调，大门建筑形成廊式建筑，一般屋顶多为平顶、拱顶、折板、悬索等结构。

d. 墙门式　在高墙上开门洞，再安上两扇屏门即为墙门式。

e. 山门式　宗教建筑入口表征——所属领域为宗教建筑群的序幕性空间起表征和导游作用。

表 3-5-1-2　公园大门立面形式

门式	
a 屋宇式	b 门楼式

c 门廊式	

d 墙门式	e 山门式

牌坊式	
牌坊（冲天柱式牌坊）	

牌楼（门楼式牌坊）

墩柱式

a 阙式（墩式）	b 柱式

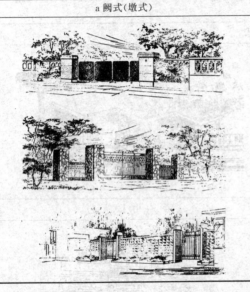

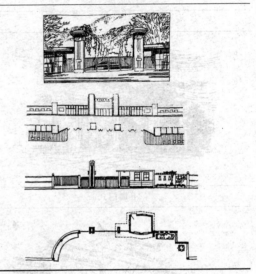

② 牌坊式　牌坊式大门有牌坊和牌楼两种形式（表3-5-1-2）。

牌坊（冲天柱式牌坊）：在冲天柱之间作横梁或额枋。

牌楼（门楼式牌坊）：冲天柱之间的横梁上作屋檐起楼即为牌楼。

a. 类型：分一层、二层、多层牌楼；单列柱式牌坊；双列柱式牌坊。

b. 特点：作为序列空间的序幕表征；广泛应用于宗教建筑、纪念建筑等；现代牌坊门多采用通透的铁栅门，售票房设于门内；传统的牌坊门一般造型疏朗、轻巧，个别浑厚；传统的牌坊门一般采用对称构图手法，个别不对称。

③ 墩柱式（表3-5-1-2）

a. 阙式（墩式）　即墩式门座公园大门；阙式公园大门坚固、浑厚、庄严、肃穆；现代的阙式公园大门一般在阙门座两侧连以园墙，门座之间设铁栏门；阙门座之间不设水平结构构件，故门宽不受限制。

b. 柱式　主要由独立柱和铁门组成；柱式大门一般采用对称构图，个别不对称；柱式门和阙式门的共同点：门座一般独立，其上方没有横向构件；柱式门和阙式门的区别：柱式门的比例较细长。

3.5.2 办公管理

3.5.2.1 办公管理的概念

主要是公园内的办公管理类用房以及各种设施，包括办公室、会议室、广播站、职工宿舍，职工食堂、医疗卫生、治安保卫、温室凉棚、变电室、垃圾污水处理场等设施。

3.5.2.2 办公管理建筑的类型

(1) 附属型 公园规模不大时,办公管理用房可以依附于其他园林建筑共同组成。最常见是办公管理用房依附于公园大门共同构筑大门。

(2) 分离型 公园规模不大时,办公管理建筑可以建在其他园林建筑旁边,配合其他建筑一起使用。

(3) 独立型 办公管理建筑独立于其他建筑,单独设置在公园内。根据公园的规模、性质,选择适当的位置,按一定比例合理配置。

3.5.2.3 办公管理建筑的特点

设计办公管理建筑应从以下几个方面入手(图3-5-2-1):

(1) 功能分区 办公管理建筑一般由对外用房区和对内用房区两部分组成。对外用房区包括医疗卫生、治安保卫、广播站、管理等用房。对内用房区包括办公室、会议室、职工宿舍、职工食堂、变电室等用。

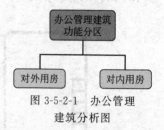

图3-5-2-1 办公管理
建筑分析图

(2) 人流聚散 办公管理建筑交通流线较为简单,一般有人流和货流两股交通流线。货流出入口主要是为职工食堂提供货物的专用出入口。一般的人流就从建筑的门厅出入口进出建筑。如果办公管理建筑没有设职工食堂或规模不大时,可以不设货流出入口,只设人流单条流线。

3.5.2.4 办公管理建筑的功能分析

(1) 办公管理建筑分对外用房区和对内用房区,对外用房区的房间应该放在门厅入口附近,方便游客来访及便于管理、维护公园次序。

① 广播室是播送、传递公园的重要信息。

② 治安、保卫室是维护公园的治安。

③ 医疗、诊室处理游客及工作人员简单的医疗事项。

④ 管理室是收集、解决游客的纠纷及处理特殊事件,协助公园的各项管理。

(2) 对内用房区的房间应该放在办公管理建筑相对朝里的位置。这些用房不对外部客人服

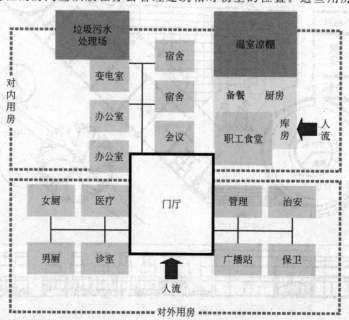

图3-5-2-2 办公管理建筑功能关系图

务，只服务于公园内部工作人员，所以可以把这些用房放在建筑内侧。

① 变电室应放在建筑的一层外侧。

② 办公室、宿舍可以放在建筑的二层以上楼层。

③ 食堂因为不对外营业，放在建筑两侧或里侧，但要和道路方便联系，这样便于运输货物。

3.5.2.5 办公管理建筑的用房要求

(1) 门厅：（20m²）。

(2) 对外用房　医疗：（10m²）；卫生：（10m²）；治安：（10m²）；保卫：（10m²）；广播站：（15m²）；变电室：（20m²）；管理室：（15m²）。

(3) 对内用房　会议室：（45m²）；办公室：（15m²×3）；职工宿舍：（15m²×3）；职工食堂：

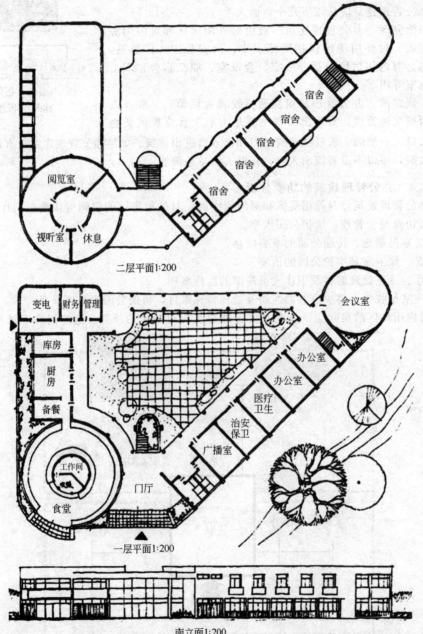

二层平面1:200

一层平面1:200

南立面1:200

（a）

（50m²）；配餐：（15m²）；厨房：（30m²）。

注：办公管理建筑如果需要独立设置，说明公园具有一定规模，功能复杂，应该参考以上用房设计。如果办公管理建筑属于附属型或分离型公园规模可能不大，功能简单，可以根据具体需要配置以上用房。

3.5.2.6 实例

见图 3-5-2-3、图 3-5-2-4 所示。

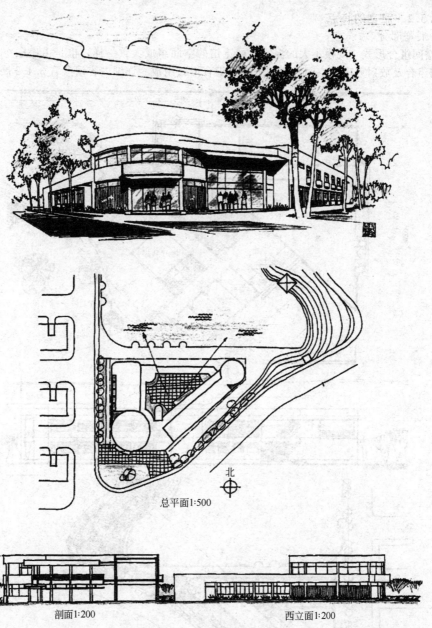

总平面1:500

剖面1:200   西立面1:200

图 3-5-2-3　办公管理建筑实例 1

3.5.3 温室

3.5.3.1 温室的概念

温室是建筑中的花园，也是花园中的建筑。它是建筑师、工程师、风景园林师及园艺师合作的富有挑战的设计领域之一。温室是集建筑学、植物学、生态学、建筑环境工程学、美学之综合项目，是一个植物环境和客观环境、建筑空间互相矛盾的项目，使植物、植物生态和人、建筑空间有机平衡配合，营造利用自然、模拟自然的人工气候环境是设计温室的关键。温室还应采用高科技和现代计算机技术从生态建筑、绿色建筑、节能建筑、可持续发展角度结合展览室人工气候环境系统进行设计；同时理论和设备研究也是温室设计的不可缺少的内容。

3.5.3.2　温室的特点

（1）展览部分

① 空间组合形式　规模不大的温室与展览馆的空间组成大致一样，也是由串联空间组合、放射性空间组合及放射兼串联空间组合三种空间组合形式组成。详细内容请参看 3.4.2 展览馆部分。

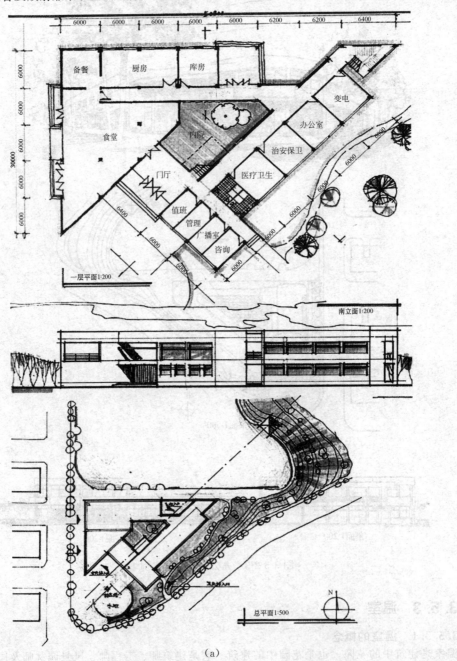

（a）

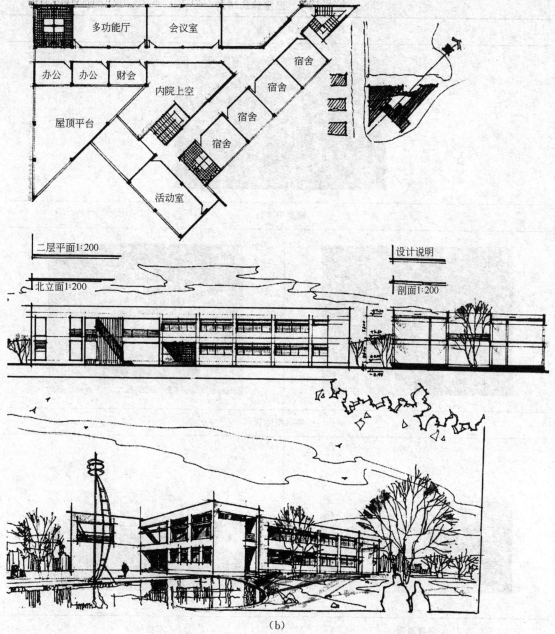

图 3-5-2-4 办公管理建筑实例 2

② 功能分区与人流聚散　温室功能分区与人流聚散特点也与展览馆基本一致，详细内容请参看 3.4.2 展览馆部分。

③ 温室的室内陈列设计　温室的室内陈列与展厅也基本一致，由单线、双线、灵活布置三种参观流线组成，详细内容请参看 3.4.2 展览馆部分。

（2）温室建筑结构　一般多采用钢结构（表 3-5-3-1）。

① 人字形屋顶　是最常见的温室结构型式。

② 圆拱形屋顶　这类温室的跨度可达 12.8m，特别适合于柔性塑料薄膜作采光材料，同时也适合于硬质塑料板。

③ 尖拱形屋顶　与圆拱屋顶温室一样，既适用于柔性塑料薄膜又适用于硬质塑料板作屋面透光材料。

表 3-5-3-1 温室建筑结构

人字型屋顶

圆拱型屋顶

尖拱型屋顶

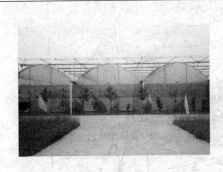

单坡屋顶

双坡屋顶

半拱状锯齿屋顶

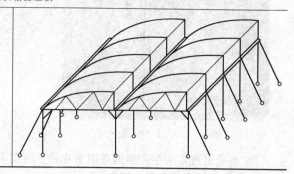

④ 双坡或单坡屋顶　这种屋顶是最普通的一种，适用于包括玻璃在内的各种硬质覆盖材料。

⑤ 半拱状锯齿屋顶　是新近发展起来的一种温室结构形式，其主要特点是通风性能良好。

(3) 温室使用的材料

① 结构材料

a. 钢材　用于温室建筑结构构件的钢材种类一般是 ST37，含硅低。为防止腐蚀，最终的产品总是要镀锌的，不同的部件采用不同的镀锌方法。有电镀锌和热浸镀锌两种镀锌方法。

b. 铝材　铝材的抗锈蚀能力好、重量轻，且易于加工成任何一种所期望的断面形状。但缺点是铝的强度不如钢，且比钢材贵得多。

② 覆盖材料

a. 玻璃　玻璃温室采用钢制骨架，覆盖材料为专用玻璃，其透光率＞90％。温室顶部及四周为专用铝型材。

玻璃温室具有外形美观、透光性好、展示效果佳、使用寿命长等优点，对于低光照、并有地热能源和电厂余热的地方，玻璃温室是较好的选择。玻璃温室非常适合长江中下游流域（图 3-5-3-1）。

图 3-5-3-1　玻璃温室

b. PC 板　PC 板温室的覆盖材料——聚碳酸酯中空板（PC 板），与其它覆盖材料相比，具有采光好、保暖、轻便、强度高、防结露、抗冲击、阻燃、经济耐用等诸多优点，该板的向阳面具有防紫外线涂层，抗老化性能达 10 年。所以由其作覆盖材料的温室，使用寿命长，外形美观漂亮，保温效果好，冬季可节省加热能耗。其保温节能效果与单层玻璃相比可节能 50％，每年每平方米可节约油耗 23.5L。大大降低了冬季的运行成本。

图 3-5-3-2　PC 板温室

图 3-5-3-3　薄膜温室

PC 板温室可作为生产型温室用于花卉、蔬菜和矮化果树的种植，也可作为育苗型温室用于花卉、蔬菜和树木的育苗（图 3-5-3-2）。

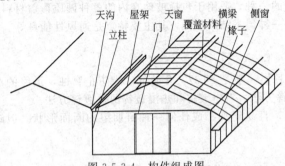

图 3-5-3-4　构件组成图

c. 薄膜（单膜温室和双膜温室）　薄膜温室制造成本相对较低，属经济型温室，适用于我国大部分地区（图 3-5-3-3、图 3-5-3-4）。

该类型温室顶部多采用尖拱顶的弧线，满足了积雪下滑的条件，设计更趋完美，提高了温室的抗雪载能力；减少冷凝水下滴，降低了由于湿度过大而引发菌病的发生率。

单膜温室顶部采用无滴膜、四周为进口长寿膜做覆盖材料，风、雪载荷较高，光遮挡较少，同时具有吊挂功能，可充分利用高大的内部空间，配合外遮阳，适合于热带及亚热带地区。

双膜温室顶部外层多采用长寿膜、内层用无滴膜、四周用进口长寿膜为覆盖材料，双层膜充气后，可以形成厚厚的气囊，能有效地防止热量流失和阻止冷空气的侵入，保温效果好，冬季运行成本低，适合于温带及寒带地区。

（4）温室的主要构件组成

① 柱　用于温室立柱的断面形状主要有圆管、矩形方管、C 型钢或工字钢等开口断面（图 3-5-3-5）。

图 3-5-3-5　柱

② 圆拱与拱架　圆拱也可用封闭的或开口的断面形状制成（图 3-5-3-6）。

③ 天沟　天沟是温室最重要的构件之一。它作为纵向结构构件起支撑作用，应能排泄走所有雨水（图 3-5-3-7）。

④ 基础　基础是连接结构与地基的构件，它必须将全部重力、吸力和倾覆荷载，如风、雪和作物荷载等安全地传到地基。

⑤ 结构节点　一个结构框架的强度只等同于其最弱的节点的强度，所以就连接方法和自身

的连接强度而言对所有构件的连接都必须有合适的连接件（图 3-5-3-8）。

图 3-5-3-6　拱架

图 3-5-3-7　天沟

图 3-5-3-8　结构节点

3.5.3.3　温室系统

温室系统应具有全自动控制，配套设备可选择加热系统（热风机加热或水暖加热）、遮阳幕系统、微雾或水帘降温系统、CO_2 补充系统、补光系统及喷灌、滴灌和施肥系统、计算机综合控制系统、顶喷淋系统等内容。

3.5.3.4　温室的用房要求

① 温室陈列厅：50m² × 3（可分可合）；

② 门厅兼休息厅：45m²；

③ 办公室：15m²；

④ 库房：15m²×2；

⑤ 厕所盥洗间：9m²×2；

⑥ 休息室：9m²；

⑦ 控制室：25m²；

⑧ 加工室：20m²；

⑨ 保鲜室：15m²；

⑩ 消毒室：15m²。

注：温室的建筑方位应是温室屋脊的走向，朝向为南的温室，其建筑方位为东—西。辅助设施主要是水暖电设施。

3.5.3.5 温室实例

见图 3-5-3-5、图 3-5-3-6 所示。

第4章
园林建筑小品设计

4.1 园林建筑小品概述

4.1.1 概念

凡在园林绿地中，既有使用功能，又可供观赏的小型建筑设施，统称为园林建筑小品。

4.1.2 内容

园林建筑小品包括的内容极其丰富：实用的桌椅、造型多样的园灯、特色的栏杆、韵律的园墙、别致的景窗、注目的景观挡墙等，再到雕塑、山石，甚至独特的铺装地面、果皮箱等都可以列为园林建筑小品，它们是美观与实用的结合体。

4.1.3 地位及作用

随着经济的发展，城市建设正日新月异。同时，园林绿化也逐渐被人们所重视，园林建筑小品作为园林绿化的重要组成部分有突出的作用。除有自身的使用功能外，一方面作为被观赏的对象，另一方面又作为人们观赏景色的存在，所以园林建筑小品的一个重要作用就是巧妙组景，形成空间序列，从而引导游人有组织、有层次地观赏景物。

另外，根据所处的环境、地域等特点，因地制宜地赋予艺术化、精致化于园林小品中，使其与环境融合，并通过色彩、肌理、造型等表现主题，展现其自身魅力，也起到了画龙点睛的作用。

4.1.4 设计要点

园林建筑小品具有精美、灵巧和多样化的特点，设计创作时可以做到"景到随机，不拘一格"，在有限空间得其天趣。

园林建筑小品的创作要求如下：

① 立其意趣　根据自然景观和人文风情，做出景点中小品的设计构思。

② 合其体宜　选择合理的位置和布局，做到巧而得体、精而合宜。

③ 取其特色　充分反映建筑小品的特色，把它巧妙地融入园林造型之中。

④ 顺其自然　不破坏原有风貌，做到涉门成趣、得景随形。

⑤ 求其因借　通过对自然景物形象的取舍，使造型简练的小品获得景象丰满充实的效应。

⑥ 饰其空间　充分利用建筑小品的灵活性、多样性以丰富园林空间。

⑦ 巧其点缀　把需要突出表现的景物强化起来，把影响景物的角落巧妙地转化成为游赏的对象。

⑧ 寻其对比　把两种明显差异的素材巧妙地结合起来，相互烘托，显出双方的特点。

4.2 园　椅

4.2.1 概念

在园林中供人们休息的桌椅，其具有一定的使用价值和观赏价值，这类桌椅统称为园椅（图4-2-1）。

图4-2-1　园林桌椅

4.2.2 功能

园椅是园林环境中不可缺少的小品，它为人们在园中休息、赏景提供了空间，其具体功能可分为实用功能和观赏功能。

实用功能是园椅的首要功能，在景色秀丽的湖滨、在高山之巅、在花丛树下、广场四周、园路两侧设置园椅，供人们欣赏周围景色，尤其在街头游园，人们需要更长时间的休息，这时，园椅成了不可缺少的设施。不仅如此，园椅也可以作为园林中的装饰，以其优美的造型，点缀园林环境，成为园林景物之一。在园林中巧妙地设置园林小品，会增加园林的意境。

4.2.3 类型

园林中的园椅大概有两类：显性园椅和隐形园椅。显性园椅是传统意义上的桌椅，它们造型丰富、功能明确，常常单独存在，为游客提供休憩和娱乐的空间，是园中的主要休息设施；隐形园椅则是在近代兴起的，往往和其他园林小品相结合，节省空间并有整体感，例如和花坛相结合的花池、树池以及和台阶相结合的座椅，这些设计不仅能提供游客休息，也和环境融合，有装饰功能。

4.2.4 设计要点

① 舒适感　为了取得景观效果，园林建筑小品往往要做艺术处理，但必须要符合使用功能，即在技术上、尺度上和造型上要符合特殊要求。园椅一般要求坐板高度为 32～45cm，靠背与水平夹角 98°～105°，靠背高度 35～65cm，座位宽度每人 60～70cm，桌面高度 70～80cm。这些尺寸能使游客坐着感觉到自然舒适，增加园椅的实用功能。

② 位置选择　人们坐在园椅上 4 种行为表现比较明显：谈、听、想、看。所以，我们应该根据游客的这种心理来布置园林建筑小品。在湖边池畔、花间林下、广场周围、园路两侧、山腰台地等处均可置放来表现不同的效果。如在湖边池畔，亭台楼榭倒影在波光粼粼的水面，时而清晰，时而模糊，别是一番滋味，能够引起人们的无限遐思。又如在广场周围，看着来来往往的人群，累了驻足停留休息，也为广场增添了活力。根据不同的环境布置不同的建筑小品。

③ 布置方式　园林建筑小品可单独设置，也可成组布置，既可自由分散布置，又可有规律地连续布置，以因地制宜，与环境融合为原则，选择适合的布置方式。另外，绿地公园对于游客来说是休闲场所，人在里面要自由自在，不宜排列得太过整齐。在园椅就坐时还要满足不同人群的要求，是为了休息、观景，同时还要满足私密性要求。

4.2.5 实例

图 4-2-2：独特的造型，给人一种视觉冲击力，并且结合有坡度的地形，因地制宜，使之与

环境更好地融合。

　　图4-2-3：小园桌与小园椅配合协调，能更好地为游人提供休息娱乐。

图4-2-2　个性园椅

图4-2-3　桌椅组合

　　图4-2-4：山石桌椅，造型古朴，顺应自然。
　　图4-2-5：树池座椅，功能多样，节约空间。

图4-2-4　山石桌椅

图4-2-5　树池座椅

4.3　园　灯

4.3.1　概念

　　既有照明又有点缀装饰园林作用的一类灯具的总称，叫园灯（图4-3-1）。

4.3.2　功能

　　保证晚间游览活动的照明需要，除了具有实用性的照明功能外，以其本身的观赏性还可以成为绿地饰景的一部分。

图 4-3-1　园灯图示

4.3.3　类型

灯光照明小品主要包括城市绿地中的路灯、庭院灯、灯笼、地灯、投射灯、装饰灯等。为了突出园中的主要景物，包括建筑照明、桥梁照明、告示牌照明、水体照明、山石草木等自然景物照明。基于使用的广泛性与重要性，这里重点介绍路灯和装饰灯。

① 路灯　主要用于道路的照明，并兼有美观、点缀环境的作用。

② 装饰灯　在园林中主要起装饰作用，成为环境景观的亮点与视线的焦点，并不一定担负晚间园林照明的作用。

4.3.4　设计要点

① 实用与美观的结合　对于庭院灯、路灯等照明性园灯来说，照明是园灯设计的首要考虑功能，在照明功能满足的基础上，考虑其与环境的融合、装饰园林的作用。对于装饰性园灯来说，应注意与被照射物体相配合，并进行颜色的搭配处理。既考虑实用功能，也考虑美观效果，能营造出与白天不同的园林景观效果。

② 灯光的应用　灯光的应用对园林景观意境的营造起着重要作用，绚丽明亮的灯光，可使园林环境气氛更为强烈、生动、富有生气。柔和、轻松的灯光使园林环境更加宁静、舒适、亲切宜人。所以在灯光应用方面，我们应该根据不同的环境来营造不同的灯光效果，但要注意避免眩光，考虑灯光的散射效果，避免对城市或园林造成光污染。

③ 体量适宜　在广阔的广场、水面以及在人流集中的活动场所，灯要有足够的亮度，造型力求简洁大方，灯杆的高度可根据所处空间的大小而定，一般为 5～10m，园路两旁应避免行道树遮挡。一般照明性园灯 4～6m，常用乳白灯罩避免刺目眩光。在比较封闭、狭小的空间则应该以地灯、灯笼等形式设计，灯光也比较柔和，能因地制宜的布置园灯也是设计要点之一。

4.3.5　实例

图 4-3-2：典雅的园灯，造型别致，与环境融合。

图 4-3-2　典雅的园灯

图 4-3-3　草坪灯

图 4-3-3：草坪灯。高度一般在 90cm 以内，主要用于照射草坪、地被和局部道路。

图 4-3-4：石灯。造型古朴自然，与园林花木融为一体。

图 4-3-5：广场灯。采用光纤组成放射状，高低错落，风格独特，造型优美。

图 4-3-4　石灯　　　　　　　　　　　图 4-3-5　广场灯

4.4　园　墙

4.4.1　概念

园墙是用于分隔和围合空间、丰富景致、引导游览路线，也可利用自身作为装饰的园林建筑小品（图 4-4-1）。

图 4-4-1　景墙图示

4.4.2　功能

园墙的造景作用不仅以其优美的造型来表现，更重要的是以其在园林中空间的构成和组合中表现出来。我国古典园林讲求意境、层次，空间变化丰富，在各种各样园林景墙的分隔下，更能体现这一精髓。另外园墙还有组织游览路线、衬托景物、装饰美化或遮蔽视线的作用，是园林空间构图中不可缺少的一个重要因素。

4.4.3 类型

中国传统园林中的景墙，按照材料和构造的不同，大概分为石墙、砖瓦墙、清水墙、白粉墙等；按照功能的不一致，也可分为围墙与屏壁。其中，白粉墙的应用十分广泛，其朴实、典雅和青砖、青瓦相配显得特别清爽、明快，也是用作背景、衬托其他景物的好选择。清水墙也具有其独特的魅力，在现代园林建筑中能创造室内外空间的相互渗透和穿插的效果，以其朴素的外形，给人自然清新的感受。砖瓦墙则通过不同的砌筑方式产生新颖而丰富的景墙，同时形成具有中国文化内涵的景观效果。天然石材制作的石墙，能与环境统一，增加天然的气息。

4.4.4 设计要点

① 材料质感　不同材料组成的景墙，能给人不同的心理感受，形成不同的景观效果。石墙能给人天然的感觉，与环境融为一体；金属与混凝土景墙给人一种现代感，用在现代园林里，别具风格。

② 韵律感　随着景墙的纹理以及走向，人沿着景墙游览，也会产生一种韵律感。常用的线条有水平划分来表达轻巧舒展之感，垂直线条来表达挺拔雄伟之感，斜线来表达动感；折线、斜面处理来表达轻快活泼之感。所以在不同的环境下采用不同的韵律感也是景墙的设计要点之一。

③ 可与其他功能相结合　景墙的形式丰富多样，可与亭、廊、建筑结合设计而产生别样的设计风格。在景墙上设计一些壁饰，也可起锦上添花的作用。

4.4.5 实例

图 4-4-2：装饰性景墙，起到点缀环境的作用，使景观更加出彩。

图 4-4-3：植物的装饰使得硬质的景墙不再生硬，多了几分柔美，能更加突出主题。

图 4-4-2　装饰性景墙

图 4-4-3　壁雕景墙

图 4-4-4　镂空景墙

图 4-4-5　玻璃景墙

图 4-4-4：镂字景墙，封而不闭，传统与现代结合。

图 4-4-5：玻璃景墙，匠心独用，视线通透。

4.5 景 窗

4.5.1 概念

景窗是开凿在园林中的围墙、隔墙及游廊侧壁上，形状如圆形、方形、瓶形、海棠形等，能够增强空间的联系和通风，起到对景和借景效果的窗洞。

4.5.2 功能

在空间处理上，它可以把两个相邻的空间分隔开来，又联系起来。在环境处理中，往往利用景门窗这种空间分隔和联系的作用，形成绿化空间的渗透，以达到园内有园、景外有景，变化丰富的意境。另外，还有框景的作用，增添园林景色。

4.5.3 类型

窗不受人流通过的功能限制，所以其形式更为灵活多变，可以大致分为几类（图 4-5-1）：

① 空窗 在园墙上没有窗扇的窗洞口称为空窗。以其简洁的线条、简约的造型在园林中别具一格。这样的空窗既能够采光通风，也能使相邻空间互相渗透，形成框景的景观效果。空窗一般取人的视线高度，让游客能够通过空窗平视视线，更好地欣赏窗外的风景，同时也要注意与园墙以及周围景物的融合。空窗的造型也丰富多样，古典园林中，一般有扇形、方、花瓣形等，这些一般称为"什锦窗"。

② 漏窗 又名花窗，是在窗洞内有镂空图案的窗洞。漏窗表达了一种含蓄的意境，透

图 4-5-1 景窗图示

露着一种似隐非隐、似隔非隔的效果。镂空图案也丰富多样，有几何花形、动物造型等，环境的不同，其设计的内容也不相同。漏窗的高度也与人的视线平行，在 1.5m 左右，窗花的玲珑剔透也可作为景色，增添园林氛围，使空间得到延续，形成框景。

4.5.4 设计要点

景窗是园林装饰中最普遍的一种手段，若运用得当，能产生事半功倍的效果，但要注意其通风采光以及联系空间的功能，应根据其功能和环境选择恰当的形状和设计距离。

在庭院中，室外用于分隔空间的景墙上常常设计景窗，既能减轻实墙闭塞的感觉，也能增添空间中相互渗透的作用。考虑到园林空间中构图的要求，应注意虚实结合，配置得当。

在景窗的主题设计中，应与建筑物的风格相适应，灵活布局，而符合整个园林的风格。为达到良好的景观效果，需考虑框景、对景和前景、中景、后景的结合。景窗的设计要力求精巧雅致。

4.5.5 实例

图 4-5-2：通过窗洞使两边景色能够相互渗透，增加两边的交流。同时，也可以起一个框景的作用，形成一幅美丽的图画。

图 4-5-3：通过树形花格的图案来增强景窗的效果，使之达到若隐若现的景观效果。同时花

格的图案美也是一种另外一种视觉效果。

图 4-5-2　窗洞　　　　　　　　　　　　　　图 4-5-3　漏窗

4.6 门　洞

4.6.1　概念

门洞是指为联系建筑物内外空间和组织庭园景观空间，与墙结合设置的起通行作用的出入口，因其仅有门框而没有门扇，由于其形象是一个洞口，又具门的作用，所以习惯上称之为门洞。

4.6.2　功能

门洞可以用来通行；起到分隔空间和联系空间的作用；与园路、围墙结合布置，共同组织游览路线；还可用于对景和框景，门洞作为景框，可以从不同的视景空间和角度，获得许多生动的风景画面。

因此，通过门洞的巧妙运用，可以使庭园环境产生园中有园，景外有景，步移景异的效果。

4.6.3　类型

4.6.3.1　按照线型分类
分为曲线式门洞和直线式门洞。

① 曲线式门洞　即门洞的边框线是曲线型的。曲线式门洞是我国古典庭园中常用的门洞形式，现代公共庭园中也广泛运用。曲线式门洞多数为拟物形。常见的有圈门、月门、瓶门、葫芦门、海棠花、椭圆门、剑环门、莲瓣门、如意门、贝也门等（图 4-6-1～图 4-6-3）。

② 直线式门洞　即门洞的边框线为直线或折线，门洞为多边形。如方门、长方门、六角（方）门、八角（方）门、执圭门以及其他多边形门洞等。

③ 混合式门洞　即门洞的边框线有直线也有曲线，通常以直线为主，在转折部位加入曲线段进行连续。

4.6.3.2　按照形象特点分类
则可分为几何抽象形和仿生具象形两种门洞。

① 几何抽象形门洞　圆形、横长方形、直长方形、圭形、多角形、复合形等（图 4-6-4）。

② 仿生具象形门洞　海棠形、桃、李、石榴水果形和葫芦形、汉瓶形、如意形等（图4-6-5）。

图 4-6-1　葫芦门洞

图 4-6-2　海棠门洞

图 4-6-3　月门洞

图 4-6-4　圆形门洞

图 4-6-5　汉瓶形门洞

4.6.4　设计要点

门洞的设置，无论采用哪种形式，都要考虑与景墙及周围山石、植物、建筑物风格的协调。为达到良好的景观效果，需考虑框景、对景、衬景和前、中、后景的结合。同时，还要考虑通过门洞的人流量，以确定适宜的门洞宽度。

为获得"别有洞天"的效果，可选择较宽阔的门洞形式，如月门、方门等，以便多显露一些"洞天"景色，吸引观赏者视线。而寓意"曲径通幽"的门洞，则多选用狭长形，使景物藏多露少，使庭园空间与景色显得更为幽深莫测。

门洞应用时，要注意边框的处理方法。传统式庭园中，一般门洞内壁为满磨青砖，边缘只留厚度为一寸多的"条边"，做工精细，线条流畅，格调优美秀雅。现代公共庭园中，门洞边框多用水泥粉刷，条边则用白水泥，以突出门框线条。门洞内壁也有用磨砖、水磨石、斧凿石（斩假石）、贴面砖或大理石等。门洞边框与墙边相平或凸出墙面少许，显得清晰、明快。

4.6.5　实例

苏州园林是我国江南园林的总代表，其园林门洞也有它的独到之处。苏州园林的门洞，以墙门或屋门为主，做月亮门式门洞最多，大多数都做正圆形（图4-6-6），还有做椭圆形。除此之外，还做上下圭角式门洞，也有的做长方形门洞、券形门洞、小圆角形门洞或多边形门洞（图4-6-7）。墙门门洞处，顶随之而高起，这样重点突出，以示门的位置。在苏州还有花瓣式门洞，用大四瓣。例如沧浪亭中还有古瓶式门洞，而且瓶式样甚多，例如抛物方式、带耳瓶式、大肚瓶式、小口瓶式（图4-6-8、图4-6-9）。

图 4-6-6　正圆形门洞

图 4-6-7　多边形门洞

图 4-6-8　汉瓶门洞

图 4-6-9　带耳门洞

4.7 栏 杆

4.7.1 概念

栏杆是指在园林中具有安全防护、分割空间和组景功能的园林建筑小品。

4.7.2 功能

栏杆的主要功能是防护，还用于分隔不同活动内容的空间，划分活动范围以及组织人流。栏杆同时又是园林的装饰小品，用以点景、美化环境。

栏杆虽不是主要的园林景观构成，但却是及其常用的建筑小品，并且运用得当足以达到落笔生辉的效果。如李渔所言："窗栏之制，日异月新，皆从成法中变出，腐草为萤，实且至理，如此则造物生人，不枉付心胸一片"。

4.7.3 类型

栏杆大致可分为高、矮两种，前者统称为栏杆，后者习惯上称作半栏或矮栏。木结构的高栏一般有三道横档，一、二道横档之间距离较短，称夹堂，镶有花雕，二、三道横档上下距离较大，称总宕，也叫芯子，有各种图案（图 4-7-1、图 4-7-2）。

图 4-7-1 半栏

图 4-7-2 石栏杆

4.7.4 设计要点

栏杆在园林中不宜普遍设置，特别是在浅水池、平桥、小路两侧，能不设置的地方尽量不设。在必须设置栏杆的地方，应把围护、分隔的作用与美化、装饰的功能有机地结合起来。栏杆的造型要力求与园林环境统一、协调，使其在衬托环境、表现意境上发挥应有的作用。栏杆的高度要因地制宜，要考虑功能的要求，但不能简单地以高度来适应管理上的要求。

① 栏杆的高度　低栏 0.2～0.3m，中栏 0.8～0.9m，高栏 1.1～1.3m，要因地按需而择。随着社会的进步，人民的精神、物质水平的提高，更需要的是造型优美的导向性栏杆、生态型间隔，且不要以栏杆的高度来代替管理，使绿地空间截然被分开来。相反，在能用自然的、空间的办法，达到分隔的目的时，少用栏杆。如用绿篱、水面、山石、自然地形变化等。

一般来讲，草坪、花坛边缘用低栏，明确边界，也是一种很好的装饰和点缀，在限制入内的空间、人流拥挤的大门、游乐场等用中栏，强调导向；在高低悬殊的地面、动物笼舍、外围墙等，用高栏，起分隔作用。

② 栏杆的构图　栏杆是一种长形的、连续的构筑物，因为设计和施工的要求，常按单元来划分制造。栏杆的构图要单元好看，更要整体美观，在长距离内连续地重复，产生韵律美感，因此某些具体的图案、标志，例如动物的形象、文字往往不如抽象的几何线条组成给人感受强烈。

栏杆的构图还要服从环境的要求。例如桥栏，平曲桥的栏杆有时仅是两道横线，与水的平桥造型呼应，而拱桥的栏杆，是循着桥身呈拱形的。栏杆色彩的隐现选择，也是同样的道理，绝不可喧宾夺主。

栏杆的构图除了美观，也和造价关系密切，要疏密相间、用料恰当，每单元节约一点，总体相当可观。

③ 栏杆的设计要求　低栏要防坐防踏，因此低栏的外形有时做成波浪形的，有时直杆朝上，只要造型好看，构造牢固，杆件之间的距离大些无妨，这样既省造价又易养护；中栏在须防钻的地方，净空不宜超过 14cm 在不需防钻的地方，构图的优美是关键，但这不适于有危险、临空的地方，尤要注意儿童的安全问题，此外，中栏的上槛要考虑作为扶手使用，凭栏遥望，也是一种享受；高栏要防爬，因此下面不要有太多的横向杆件。

④ 栏杆的用料　石、木、竹、砼、铁、钢、不锈钢都有，现最常用的是型钢与铸铁、铸铝的组合。竹木栏杆自然、质朴、价廉，但是使用期不长，如有强调这种意境的地方，真材实料要经防腐处理，或者采取"仿"真的办法。混凝土栏杆构件较为笨拙，使用不多；有时作栏杆柱，但无论什么栏杆，总离不了用混凝土作基础材料。铸铁、铸铝可以做出各种花型构件；美观通透，缺点是性脆；断了不易修复，因此常常用型钢作为框架，取两者的优点而用之；还有一种锻铁制品，杆件的外形和截面可以有多种变化，做工也精致，优雅美观，只是价格不菲，可在局部

或室内使用（图 4-7-3、图 4-7-4）。

图 4-7-3　木栏杆

图 4-7-4　铁栏杆

⑤ 栏杆的构件　除了构图的需要，栏杆杆件本身的选材、构造也很有考究。一是要充分利用杆件的截面高度，提高强度又利于施工；二是杆件的形状要合理，例如两点之间，直线距离最近，杆件也最稳定，多几个曲折，就要放大杆件的尺寸，才能获得同样的强度；三是栏杆受力传递的方向要直接明确。只有了解一些力学知识，才能在设计中把艺术和技术统一起来，设计出好看、耐用又便宜的栏杆来。

4.7.5　实例

留园揖峰轩和西楼上层的栏杆捺槛面装地坪窗时，则栏杆的功能上增加了对室内护围、挡风雨的内容，因此在栏杆的内侧（或外侧）增设雨遮板，以利于窗扇共同作用。拙政园卅六鸳鸯馆北侧在栏杆外装落地长窗，栏杆内侧有可以脱卸的雨遮板等（图 4-7-5）。

颐和园中采用石望柱栏杆，其沉重的体量、粗壮的构件，形成稳重端庄的气氛。在江南古典园林苏州拙政园中，主体建筑远香堂北面平台上则用低矮的水平石栏杆，这既衬托了厅堂，又和其前面开阔明净的池面相协调。在风景游览胜地则常采用简洁、轻巧、空透的栏杆（图 4-7-6）。

图 4-7-5　拙政园栏杆

图 4-7-6　颐和园栏杆

4.8　隔　断

4.8.1　概念

隔断指专门作为分隔空间的立面，主要起遮挡作用，一般不做到板下，有的甚至可以移动。

它与隔墙最大的区别在于隔墙是做到板下的，即立面的高度不同。

4.8.2 功能

　　隔断在园林中是组织空间的一个重要手段，在塑造园林建筑轻快的性格上是不可忽视的因素。它可以成功地把园林建筑空间处理得透而不空、封而不闭，使得简单与平淡的园林空间，能够塑造出较为丰富的层次。空间隔断的特点是功能简化明了，体量玲珑小巧、典雅别致，形式多种多样，它对丰富园景、增添园趣起着明显作用，故为游客所喜闻乐见（图4-8-1）。

4.8.3 类型

　　园林隔断就其所处的地位，大体可分为柱间、墙断、门位等几类。柱间部位的装饰性隔断是园林建筑分隔室内外空间的主要方式，使得柱子之间的墙壁似有非有，空间似隔非隔，达到通透并且富有装饰性的效果（图4-8-2～图4-8-4）。

　　装饰隔断按其式样又可分为博古式、栅栏式、组合式和主题式等几类（图4-8-1～图4-8-3）。

图4-8-1　室内隔断

图4-8-2　柱间隔断

图4-8-3　墙断

图4-8-4　门位隔断

图4-8-5　栅栏式隔断

4.8.4 设计要点

　　在园林中选择隔断，首先要明确它所处的地位和作用。处于建筑外檐柱间的装饰隔断，主要取其装潢作用，因此隔断式样的设计要从建筑全局来考虑，如在构图上以采用垂直或水平线条为宜，在对比上以实还是以虚为主，是否需要表现一定的主题等均要与建筑造型的整体性相协调。处于门位的装饰隔断，常选择用落地罩形式，并可供陈设盆景和古董之用，或处理成与建筑功能有关的主题装饰图案。用作室内的装饰隔断主要把空间分成前后两部分，彼此又能隐约可见，隔断的式样务求其玲珑剔透，用料精致，并可局部或全部采用玻璃或蚀花玻璃。在室外的装饰隔断则宜采用组合式的混凝土砌块为多。可用于做隔断的材料很多，石膏板、木材、玻璃、玻璃砖、铝塑板、铁艺、钢板、石材等都是经常使用的材料。但由于隔断的功能与装饰的需要，通常并不是只用一种材料，而常常是两种或多种材料结合使用，以达到理想效果。

总之，在园林中的隔断对园林建筑风格有着重要的作用，但在设计的过程中一定要考虑周围环境以及建筑风格，以免画蛇添足。

4.8.5 实例

广州白云山庄的玻璃隔断、桂林独山陈列室的古器皿图案隔断以及上海南丹公园水榭隔断（图4-8-4～图4-8-8）。图4-8-7：造型简洁，使室内外空间即有分隔又相联系，层次丰富。图4-8-8：造型质朴，使廊内外空间相互渗透。

图4-8-6 博古架式隔断

图4-8-7 木栅栏式隔断

图4-8-8 回廊门隔断

4.9 铺装（铺地）

4.9.1 概念

园林铺地是指用各种材料进行的地面铺砌装饰，包括园路、广场、活动场地、建筑地坪等。铺装的园路，不仅具有组织交通和引导游览，还为人们提供了良好的休息、活动场地，同时还直接创造优美的地面景观，给人美的享受，增强了园林艺术效果。其表现形式受到总体设计的影响，因所用材料不同，或者是同样的材料因铺装方式不同，从而表现出不同风格。

4.9.2 功能

作为园林景观的一个有机组成部分，园林铺装主要通过对园路、广场等进行不同形式的印象组合，贯穿游人游览过程的始终，在营造空间的整体形象上具有极为重要的影响。英国著名的造园家认为："园林铺装是整个设计成败的关键，不容忽视，应该充分加以利用。"日本景观大师都田彻则进一步指出："地面在一个城市中可以成为国家文化的特殊象征符号。"由此可见，铺装景观设计在营造空间的整体形象上具有极为重要的影响。其功能从以下几个方面来讲：

① 空间的分隔和变化　园林铺装通过材料或样式的变化体现空间界限，在人的心理产生不同暗示，达到空间分隔及功能变化的效果，比如两个不同功能的活动空间，往往采用不同的铺装材料，或者即使使用同一种材料，也采用不同的铺装样式。

② 视觉的引导和强化作用　园林铺装利用其视觉效果，引导游人视线。在园林中，常采用直线形的线条铺装，引导游人前进，在需要游人停留的场所，则采用无方向性或稳定性的铺装；当需要游人关注某一景点时，则采用聚向景点方向走向的铺装。另外，铺装线条的变化，可以强化空间感，比如用平行于视平线的线条强调铺装面的深度，用垂直于铺装面的线条强调宽度，合理利用这一功能可以在视觉上调整空间大小，起到使小空间变大、窄路变宽等效果。

③ 意境与主题的体现作用　良好的铺装景观对空间往往能起到烘托、补充或诠释主题的增彩作用，利用铺装图案强化意境，这也是中国园林艺术的手法之一，这类铺装使用文字、图形、

特殊符号等来传达空间主题,加深意境,在一些纪念性、知识性和导向性空间比较常见。

4.9.3 类型

园路的铺装需要综合考虑各项因素,其形式多种多样,下面介绍9种常用的铺装形式(图4-9-1~图4-9-7)。

图 4-9-1 花街铺地

图 4-9-2 块料铺地

① 花街铺地 以规整的砖为骨和不规则的石板、卵石、碎瓷片、碎瓦片等废料相结合,组成色彩丰富、图案精美的各种地纹,如:人字纹、席纹、冰裂纹等。

② 卵石路面 采用卵石铺成的路面耐磨性好、防滑,具有活泼、轻快、开朗等风格特点。

③ 雕砖卵石路面 又被誉为"石子画",它是选用精雕的砖、细磨的瓦或预制混凝土和经过严格挑选的各色卵石拼凑成的路面,图案内容丰富,是我国园林艺术的杰作之一。

④ 嵌草路面 把天然或各种形式的预制混凝土块铺成冰裂纹或其它花纹,铺筑时在块料间留 3~5cm 的缝隙,填入培养土,然后种草。如:冰裂纹嵌草路、花岗岩石板嵌草路、木纹混凝土嵌草路、梅花形混凝土嵌草路。

⑤ 块料路面 以大方砖、块石和制成各种花纹图案的预制水泥混凝土砖等筑成的路面。这种路面简朴、大方、防滑、装饰性好。如:木纹板路、拉条水泥板路、假卵石路等。

⑥ 整体路面 它是用水泥混凝土或沥青混凝土、彩色沥青混凝土铺成的路面。它平整度好,路面耐磨,养护简单,便于清扫,多于主干道使用。

⑦ 步石 在绿地上放置一块至数块天然石或预制成圆形、树桩形、木纹板形等铺块,一般步石的数量不宜过多,块体不宜太小,两块相邻块体的中心距离应考虑人的跨越能力的不等距变化。步石易与自然环境协调,能取得轻松活泼的景观效果。

⑧ 汀石 它是在水中设置的步石,汀石适用于窄而浅的水面。

⑨ 蹬道 它是局部利用天然山石、露岩等凿出的或用水泥混凝土仿木树桩、假石等塑成的上山的蹬道。

4.9.4 设计要点

(1) 色彩 园林铺装一般作为空间的背景,除特殊的情况外,很少成为主景,所以其色彩常以中性色为基调,以少量偏暖或偏冷的色彩做装饰性花纹,做到稳定而不沉闷、鲜明而不俗气。如果色彩过于鲜艳,可能喧宾夺主而埋没主景,甚至造成园林景观杂乱无序。

色彩具有鲜明的个性,暖色调热烈、兴奋,冷色调优雅、明快;明朗的色调使人轻松愉快,灰暗的色调则更为沉稳、宁静。铺地的色彩应与园林空间气氛协调,如儿童游戏场可用色彩鲜艳的铺装,而休息场地则宜使用色彩素雅的铺装,灰暗的色调适宜于肃穆的场所,但很容易造成沉闷的气氛,用时要特别注意。

(2) 图案纹样 园林铺装地面以它多种多样的形态、纹样来衬托和美化环境,增加园林的景色。纹样起着装饰路面的作用，而铺地纹样因场所的不同又各有变化。一些用砖铺成直线或并行线的路面，可达到增强地面设计的效果。但在使用时必须小心仔细。通常，与视线相垂直的直线可以增强空间的方向感，而那些横向通过视线的直线则会增强空间的开阔感。另外，一些基于平行的形式（如住宅楼板）和一些成一条直线铺装的地砖或瓷砖，会使地面产生伸长或缩短的透视效果，其它一些形式会产生更强烈的静态感。表现纹样的方法，可以用块料拼花镶嵌、划成线痕、滚花，用刷子刷，做成凹线等。

（3）质感 质感是由于感触到素材的结构而有的材质感。铺装的美，在很大程度上要依靠材料质感的美。材料质感的组合在实际运用中表现为三种方式：

① 同一质感的组合可以采用对缝、拼角、压线手法，通过肌理的横直、纹理设置、纹理的走向、肌理的微差、凹凸变化来实现组合构成关系。

② 相似质感材料的组合在环境效果上起到中介和过渡作用。如地面上用地被植物、石子、砂子、混凝土铺装时，使用同一材料的比使用多种材料容易达到整洁和统一，在质感上也容易调和。而混凝土与碎大理石、鹅卵石等组成大块整齐的地纹，由于质感纹样的相似统一，易形成调和的美感。

③ 对比质感的组合，会得到不同的空间效果，也是提高质感美的有效方法。利用不同质感的材料组合，其产生的对比效果会使铺装显得生动活泼，尤其是自然材料与人工材料的搭配，往往能使城市中的人造景观体现出自然的氛围。例如：在草坪中点缀步石，石的坚硬、强壮的质感和草坪柔软、光泽的质感相对比。因此在铺装时，强调同构型和补救单调性小面积的铺装，必须在同构型上统一。如同构性强，过于单调，在重点处可用有中间性效果的素材（图4-9-3～图4-9-7）。

图 4-9-3　拼花卵石铺地

图 4-9-4　造型卵石铺地

图 4-9-5　汀石

图 4-9-6　雕砖路面

图 4-9-7　图样铺地

在进行铺装时，要考虑空间的大小，大空间要粗犷些，可选用质地粗大、厚实、线条明显的材料。因为粗糙，往往给人感到稳重、沉着、开朗，另外，粗糙可吸收光线，不晕眼。而在小空间则应选择较细小、圆滑、精细的材料，细质感给人轻巧、精致的柔和感觉。所以在大面积的铺装可选用粗质感的材料，细微处、重点处可选用细质感的材料。

（4）尺度　铺装图案的大小对外部空间能产生一定的影响，形体较大、较开展则会使空间产生一种宽敞的尺度感，而较小、紧缩的形状，则使空间具有压缩感和亲密感。由于图案尺寸的大小不同以及采用了与周围不同色彩、质感的材料，还能影响空间的比例关系，可构造出与环境相协调的布局来。铺装材料的尺寸也影响其使用。通常大尺寸的花岗岩、抛光砖等板材适宜大空间，而中、小尺寸的地砖和小尺寸的玻璃马赛克，更适用于一些中、小型空间。但就形式意义而言，尺寸的大与小在美感上并没有多大的区别，并非愈大愈好，有时小尺寸材料铺装形成的肌理效果或拼缝图案往往能产生更多的形式趣味，或者利用小尺寸的铺装材料组合成大图案，也可与大空间取得比例上的协调。

4.9.5　实例

芙蓉古镇中苏州园，用以模仿苏州园林，展示了苏州一带人土风情，其在园林铺装设计上更是加以模仿，在园中可看到蝙蝠纹样铺装，"蝠"谐音"福"，被看做是福的象征，而五只蝙蝠的图案表示"五福捧寿"和"五福临门"（五福指：长寿、富裕、健康、好善、寿终）。鱼的纹样，"鱼"与"余"谐音，把金鱼与莲花组成画面表示"金玉同贺"；"鱼"还象征了夫妻和谐等。这样的例子还有很多，都体现了园林铺装市井化的一面（图4-9-8、图4-9-9）。

图4-9-8　蝙蝠图案铺装

图4-9-9　鱼图案铺装

4.10　广　场

4.10.1　概念

城市广场指城市中由建筑、道路或绿化地带围绕而成的开敞空间，是城市公众社区生活的中心。广场又是集中反映城市历史文化和建筑面貌的建筑空间。

广场是面积广阔的场地，是城市道路枢纽，是城市中人们进行政治、经济、文化等社会活动或交通活动的空间，通常是大量人流、车流集散的场所。

园林广场指主要为硬质铺装的面积广阔的开敞空间。

广场是一个具有自我领域的空间，与人行道不同，不是一个仅仅用于路过的节点。当然可以同时布置植物（包括树木、花草、地面植被）、建筑、大型雕塑、小品以及水体等，但占主导地位的是硬质地面。

4.10.2　功能

广场具有集会、交通集散、游览休息、商业服务及文化宣传等功能，简而言之，广场具有展示的功能，被誉为城市及园林的"客厅"。

在广场中或其周围一般布置着重要建筑物或雕塑，往往能集中表现城市或园林的艺术面貌和特点。

在园林中广场数量不宜过多，所占面积比例应适中。其地位和作用很重要，是园林规划布局的重点内容之一。

4.10.3 类型

广场的功能决定了广场的性质和类型。按广场的主要性质一般可分为以下6种：

① 宗教广场　早期的广场多修建在教堂、寺庙或祠堂对面，为举行宗教庆典仪式、集会、游行所用。在广场上一般设有尖塔、宗教标志、坪台、台阶、敞廊等构筑设施。然此类广场，现已兼有休息、商业、市政等活动内容。如：栖霞寺的殿前广场。

② 市民集会广场　这类广场常常是城市的核心，多修建在市政厅和城市政治中心所在地，供市民集会、庆典、休息活动使用。一般由行政办公、展览性建筑结合雕塑、水体绿地等形成气氛比较庄严、宏伟、完整的空间环境。一般布置在城市中心交通干道附近，便于人流、车流的集散。如：鼓楼广场扮演南京的市民集会广场的作用（图4-10-1）。

③ 交通广场　火车站、汽车站、航空港、水运码头及城市主要道路交叉点，是人流、货流集中的枢纽地段。火车站广场是典型的交通集散广场，如：南京车站站前广场。

④ 纪念广场　为了缅怀历史事件和历史人物，常在城市中修建一种主要用于纪念活动的广场。用相应的象征、标志、纪念碑等施教的手段，教育人、感染人，以便强化所纪念的对象，产生更大的社会效益。如：成吉思汗广场（图4-10-2）。

⑤ 商业广场　现代的商业广场，往往集购物、休息、娱乐、观赏、饮食、社会交往于一体，成为人们文化生活的重要组成部分，常与步行街结合设置。如：南京新街口广场。

⑥ 休息娱乐广场　此类广场是居民城市生活的重要行为场所，是市民接受历史、文化教育的室外空间。包括花园广场、文化广场、水上广场，以及居住区和公共建筑前设置的公共活动空间。广场的建筑、环境设施均要求有较高的艺术价值。如：汉中门广场。

图4-10-1　集会广场

图4-10-2　成吉思汗广场

4.10.4 设计要点

当前的广场建设越来越多地呈现出向地域性、文化性发展的趋势。广场的主题和个性塑造非常重要，它或以丰厚的历史沉积为依托，使人在闲暇徜徉中了解城市的历史文脉；或以特定的民俗活动充实之，加强人们的参与性。这时候广场的地域文化内涵最能得到充分的体现。城市文化广场是一个城市历史文化的融合，是自然美和艺术美空间体现的场所。在广场上可进行集会、交通集散、居民游览休息、商业服务及文化宣传等活动。它的规划建设不仅调整了整个城市建筑布局，加大生活空间，改善城市生活环境的质量，也让城市迈上更健康、更文明、更讲究生活质量和城市文化的台阶。

广场设计要将以下要素有机地结合起来，创造出富有魅力的艺术空间。

① 绿地　北方日照、南方"大树"，植物与生态学结合，发挥生态效益。

② 铺装　防滑、耐磨、防水排水。简洁为主，通过色彩和图案装饰广场。

③ 雕塑　服从主题，尺度考虑人体尺度或者广场尺度。

④ 小品　坐凳、垃圾箱、电话亭、阅报栏、饮水器、小售货亭、公厕，造型活泼多样。

⑤ 水景　与环境和人的行为心理结合，创造安全近水。

⑥ 照明　主空间高亮、雕塑绿化喷泉等突出灯光产生的效果，宜通过反射散射和漫射，色彩多样化，季节性变化。

⑦ 城市广场的设计赋予广场环境文化内涵，突出地方文化特色，将过去、现在和未来结合；与周边环境相互协调，以人为本；丰富空间类型和利用尺度、围合度、地面质地手法丰富结构层次，大型活动，小型聚会；保证城市各区域到广场的方便性，内部交通使人们不互相干扰而获得享用，方便本地市民和残疾人；标志物的可识别性（图4-10-3～图4-10-6）。

图 4-10-3　喷泉广场

图 4-10-4　艺术广场

图 4-10-5　园林广场

图 4-10-6　休闲广场

4.10.5　实例

潍坊风筝广场总面积 57500m^2，是一个集人防工事、商贸购物、休闲娱乐等多功能于一体，体现"环保特色"、"人文特色"和"风筝文化特色"的市民活动广场。风筝广场东起四平路，西至白浪河，南起民生街，北至胜利东街，总占地面积约9公顷，广场分地下和地上两部分，地下为两层人防工事兼做商业店铺，地上景观建有吉祥物大道、中心广场、滨河步行商业街、露天剧场与码头、国贸阶梯广场、四平路出口广场、世界风筝博物馆入口广场、儿童游戏场、森林公园、树阵等十大景观，广场中心主题雕塑是中国风筝协会会标造型雕塑，已成为潍坊城市标志（图4-10-7、图4-10-8）。

图 4-10-7　潍坊风筝广场 1

图 4-10-8　潍坊风筝广场 2

4.11　园　路

4.11.1　概念

园路即园林中的道路系统。园路是贯穿全园的交通网络，是联系若干个景区和景点的纽带，是组成园林风景的要素，并为游人提供活动和休息的场所。它不仅引导人流、疏导交通，并且将园林绿地空间划成了不同形状、不同大小、不同功能的一系列空间。

4.11.2　功能

人们在园林中漫步，是为了接触自然，投身于大自然的怀抱，接受自然景色无私的赏赐。园林中的道路是随着园林内地形环境与自然景色的变化相应布置，时弯时曲，时起时伏，很自然地引导人流不断变幻地欣赏园林景观。同时给人一种轻松、幽静自然的感觉，使人们寻求一种在闹市中所不可能获得的乐趣。因此，园路是园林中各景点之间相互联系的纽带和观赏自然景色的脉络，是构成园景的重要因素。

4.11.2.1　交通的作用

路首先是用作交通，必须以便捷安全为首要目标。从便捷来说，自甲点到乙点，最近的路应是一条直线，但实际上往往会有障碍，如河流、山地、树木、建筑等必须避让，便成了折线，然而由此却又增加了许多景观的机会。从安全讲，路面要平整、流畅，能全天候行驶，还要设立交通引导和指示的统一标志。在大型园林中的主路上，也需要类似的这种设施，以方便游人能迅速、顺利地到达某一景点。国外的大型园林还有用色彩标志的导游路线，以满足半天、一天等不同游览的时间，下次再来时又可更换不同色彩的路线。

4.11.2.2　赏景的作用

园路优美的曲线，丰富多彩的路面铺装，可与周围山、水、建筑花草、树木、石景等景物紧密结合，不仅是"因景设路"，而且是"因路保景"，所以园路可行可游，行游统一，园路除了交通的作用外，还有游赏的作用。

4.11.2.3　组织空间，引导游览

在公园中常常是利用地形、建筑、植物或道路把全园分隔成各种不同功能的景区，同时又通过道路，把各个景区联系成一个整体。园林不仅是"形"的创作，而且由"形"到"神"的一个转化过程。园林不是设计一个个静止的"境界"，而是创作一系列运动中的"境界"。游人所获得的是连续印象所带来的综合效果，是由印象的积累，而在思想情感上所带来的感染力，这正是园林的魅力所在。园路正是能担负起这个组织园林的观赏程序，向游客展示园林风景画面的作用。

它能通过自己的布局和路面铺砌的图案，引导游客按照设计者的意图、路线和角度来游赏景物。从这个意义上来讲，园路是游客的导游者。

4.11.3 类型

4.11.3.1 按使用功能分类

按照其使用功能，一般园林绿地的园路可以分为以下4种：

① 主要道路　应能够联系全园，引导游人游赏园林景色，还须考虑通行、园务运输、生产、救护、消防、游览车辆等因素。宽度一般为4～6m。主路还应尽可能地布置成环状。

② 次要道路　对主路起辅助作用，沟通各景点、建筑。宽度应依照预测的游人数量来考虑，其通行能力还受周围的状况所左右，如在预计游人会驻足的场地路面要宽些，而在人流交通较为通畅的地方则可以窄些，因此，次路的宽度一般为2～4m。

③ 休闲小径、游步道　是深入到山间、水际、林中、花丛中的小路，供人们漫步游赏。面层铺装应尽量与自然景致融为一体，使游人充分领略到大自然的美景。双人行走为1.2～1.5m，单人行走为0.6～1.2m。

④ 异型路（指步石、汀步等）　是指结合园林中其他造景元素而设置的通道（图4-11-1、图4-11-2）。宽度大小根据实际情况而定。

图4-11-1　步石　　　　　　　　　　　　　　　　图4-11-2　汀步

4.11.3.2 按使用的材料分类

按照其使用的材料不同，园路则可以分为以下4类：

① 整体路面　是指用水泥混凝土或沥青混凝土进行统铺的地面。它平整、耐压、耐磨，用于通行车辆或人流集中的公园主路。

② 块料铺地　包括各种天然块料或各种预制混凝土块料铺地。它坚固、平稳，便于行走，图案的纹样和色彩丰富，适用于公园步行路，或通行少量轻型车的地段。

③ 碎料铺地　用各种碎石、瓦片、卵石等拼砌形成美丽的纹样。它主要用于庭院和各种游憩、散步的小路，既经济、美丽，又富有装饰性。

④ 简易路面　由煤屑、三合土等组成的路面，多用于临时性或过渡性路面。

4.11.4 设计要点

4.11.4.1 弯道的处理

园路的转折应衔接通顺，符合游人的行为规律。园路遇到建筑、山、水、树、陡坡等障碍，必然会产生弯道，弯道有组织景观的作用。车辆在弯道上行驶时，会产生横向的推力，即离心力，为了防止车辆向外侧滑移，抵消离心力的作用，就要把道路外侧抬高。外侧应设栏杆，以防发生事故。

4.11.4.2 园路交叉口处理

两条主干道相交时，交叉口应做扩大处理，做正交方式，形成小广场，以方便行车、行人。

小路应斜交，但不应交叉太多，两个交叉口不宜太近，要主次分明，相交角度不宜太小，两条道路交叉可以成十字形，也可以斜交，但要使道路的中心线交叉于一点，斜角的道路的对顶角最好相等，以求美观。"丁"字交叉口时视线的交点，可点缀风景。多条道路交于一点，易使游人迷失方向，应尽可能避免。多条道路相交时，交叉口设指示牌。可在端口处适当地扩大做成小广场，这样有利于交通，可以减少游人过于拥挤。

4.11.4.3　路宽的处理

路宽是一个需要考虑的重要因素，因为周围环境因素的影响，很容易使之变窄。如果周围植物长高或垂吊下来，甚至会使一些宽敞的道路显得很窄，而且在潮湿天气下，如果不进行彻底的打扫，行人很难从此路段穿过。低矮匍匐的植物和生硬的路缘也会侵占一部分路的宽度。路面尽量不高出两侧的地面，使路隐现于地面、山岩或花草之间。

4.11.4.4　园路与建筑关系

园路通往大建筑时，为了避免路上游人干扰建筑内部活动，可在建筑面前设集散广场，使园路由广场渡过再和建筑物联系；园路通往一般建筑时，可在建筑面前适当加宽路面，或形成分支，以利游人分流。园路一般不穿过建筑物，而从四周绕过。

4.11.4.5　园路台阶的设置和防滑处理

主路纵坡宜小于8°，横坡宜小于3°，山地公园的园路纵坡应小于12°，超过12°应做防滑处理。主园路不宜设梯道，必须设梯道时，纵坡宜小于36％。支路和小路，纵坡宜小于18°。纵坡超15°，路面应做防滑处理；超过18°，宜按台阶、梯道设计，台阶踏步不得少于两级，坡度大于58°的梯道应做防滑处理，宜设置护栏设施，台阶宽为30～38cm，高为10～15cm。

4.11.5　实例

岐江公园是在广东中山市粤中造船厂旧址上改建而成的主题公园，总面积11公顷。设计者

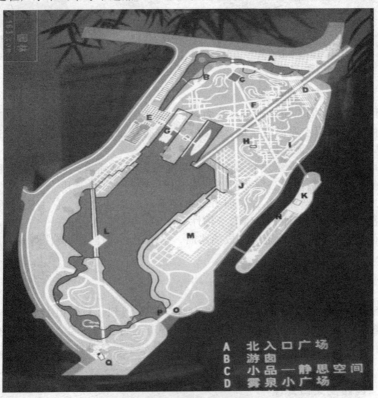

图 4-11-3　岐江公园道路规划图

借用现代西方环境主义、生态恢复及城市更新的思路，充分利用造船厂旧址的地形地貌，创造出了不同于传统园林的、吸取了现代西方景观设计的新颖的园林景观，是工业旧址保护和再利用的一个成功典范。

园中道路以一主路贯通，满足消防及公园管理之行车要求，平时不通车。北部的步行道以两点间最短距离为原则，连接主要出入口和功能区，与传统造园手法极不相同，也不同于西方古典造园手法的视觉形式美原则，而是采用自由、高效而且简洁的具有"工业化"特征的直线路网，生动明朗，具有现代风格。南部为自然式、流线型道路系统，与北部形成对比。同时，也有一直线形道路横穿而过，与北部相呼应。园路按宽度和使用性质分为三段：一级路（主环路）4.5m；二级路（直线形道路）2.2m；三级路（自由曲线形）1.7m（图4-11-3）。

铁轨也是造船厂最具标志性的景观之一，设计者充分利用了旧址中这一元素，创造出了别具一格的一条"园路"，宽约3m、长约250m的铁轨，中间铺满了白色的卵石，茂盛的野草挺立在铁轨的两旁，更加突出了道路的方向感（图4-11-4）。过去，铁轨使机器的运动得以在最小的阻力下进行，今天，却为步行者提出了挑战。而正是在应对这种挑战的过程中，人们找到了乐趣：一种跨越的乐趣，一种寻求挑战和不平衡感的乐趣。园中到处都体现着再利用、生态环保的设计理念，如用钢板铺设的栅格铺地，结合平地涌泉，构成儿童嬉戏的乐园（图4-11-5）。这种以造船过程中普遍使用的铁栅格与人性化的涌泉，形成一种强烈的冲突，用工业时代的笔墨，勾勒出别具一格的体验空间。

图4-11-4　铁轨

图4-11-5　铁板栅格

岐江公园彻底摒弃了传统园林"园无直路"的设计理念，代之以直线形的便捷步道，遵从两点间最近距离，充分提炼和应用工业化的线条和肌理（图4-11-6）。蜘蛛网状的直线步道（图4-11-7），以及空间、路网、绿化之间的自由均为基于经济规则的穿插。

图4-11-6　工业化肌理

图4-11-7　直线型园路

4.12 栈 道

4.12.1 概念

栈道原指古代架设于陡峻地段提供给行人、物资运输的通道，又称阁道、复道。中国古代高楼间架空的通道也称栈道。

园林中的栈道指联系各单元空间之间的架空的道路或广场（栈台）。

栈道是当代景观中最常用的设计元素之一，是联系各单元空间之间的纽带。起到空间延续的作用，丰富了景观的设计元素，在景观中的作用日趋重要。

4.12.2 功能

4.12.2.1 引导功能

栈道限定着游人的运动方向，引导着游人的有序流动。这种有序活动的同时也约束了游客游览的随意性，也就减少了游人对旅游资源的破坏，保护了生态环境。

4.12.2.2 保护原有自然环境

以往阶梯式的道路，就是开山凿石造路，固化的阶梯阻止了土壤与空气之间的水气循环，不仅破坏了原始的自然地貌，而且直接地破坏了植物赖以生存的基础。而栈道的做法避开了破坏植物生长的环境，充分地保证了原有地貌的保留。

4.12.2.3 增强景观价值

栈道这一景观设计的形式，随原地势起伏的变化而丰富，给景观增添了不少的趣味性，让游人从不同的角度去欣赏景观环境的美色。这样的设计延长了游览路线，扩大景区的深度与广度，丰富了整体景观空间的内容。

4.12.3 类型

4.12.3.1 按其所处的位置分类

栈道按其所处的位置可分为两种：地面栈道和临水栈道（图4-12-1、图4-12-2）。

图4-12-1 地面栈道

图4-12-2 临水栈道

4.12.3.2 按其构架形式分类（图4-12-3）

① 立柱式 当栈道铺设于林中草地、沼泽水边等较为舒展的地形时，多采用立柱式。

② 斜撑式 栈道架设在坡度很大的陡坡地带，采用斜撑式修建栈道比较合适。这种栈道的横梁，一端固定在陡坡坡面上或山壁的壁面上，另一端悬挑在外；梁头下面用一斜柱支撑，斜柱的柱脚也固定在坡面或壁面上。横梁之间铺设桥板作为栈道的路面。

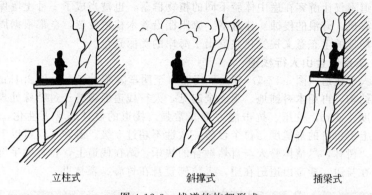

| 立柱式 | 斜撑式 | 插梁式 |

图 4-12-3　栈道的构架形式

③ 插梁式　在绝壁地带常采用这种栈道形式。其横梁的一端插入山壁上凿出的方形孔中并固定下来,另一端悬空,桥面板仍铺设在横梁上。

4.12.4　设计要点

4.12.4.1　因地制宜地设计线形的变化

在复杂地形中进行栈道的设计时,应该根据实际的地形地貌的特点,合理地安排路线,尽可能地利用原有的地貌来正确地处理自然与人工的关系,在设计到有湖泊、河流的时候应采取与小桥、汀步相结合的亲水的空间,多一点的给人亲水的机会。在遇到坡度较大的陡坡时,应选择环行盘旋而上,这样既缓解了坡度,又营造出了不同角度的视觉效果。

4.12.4.2　木栈道设计原则

木栈道由表面平铺的面板和木方架空层两部分组成。其厚度要根据下部木架空层的支撑点间距而定,一般为 3~5cm 厚,板宽一般为 10~20cm 之间,板与板之间宜留出 3~5mm 宽的缝隙。不应采用企口拼接方式。面板不应直接铺在地面上,下部要有至少 2cm 的架空层,以避免雨水的浸泡,保持木材底部的干燥通风。设在水面上的架空层其木方的断面选用要经计算确定。

连接和固定木板和木方的金属配件(如螺栓、支架等)应采用不锈钢或镀锌材料制作。木地面和木板通(栈)道的材料应采用耐潮湿或水湿环境,且防腐性能高的木材,一般北方选用松木,南方选用杉木。

4.12.5　实例

4.12.5.1　秦皇岛市渤海海岸栈道

案例位于河北省秦皇岛市渤海海岸(图 4-12-4),木栈道绵延 5km 长,将不同的植物群落连

图 4-12-4　秦皇岛市渤海海岸栈道

接在一起。木栈道不仅让游客在途中体验不同的植物群落，也被当成了一种土壤保护设施，能够保护海岸线免受海风、海浪的侵蚀。休息亭、遮阳棚沿着木栈道设置，全都根据周围景色谨慎选址，使其能够将场地的生态意义视觉化并突出了海岸的美丽景色。

4.12.5.2　南京紫金山人行栈道

南京紫金山人行栈道（图4-12-5）自太平门路口至明孝陵东人口，全长2.4km。木栈道采用钢筋混凝土基础结构，再用木料铺地。为安全起见，人行栈道面板是经过特殊处理的，采用北欧赤松木铺设，厚度达6cm，抗压、抗击能力都非常强。栈道的设计非常人性化，由于落差的原因，考虑到人行上下台阶的舒适度，每个台阶一次性不超过5级。游客不仅可以上山，更可以从半空中穿越竹林、树林，尽情体验人与自然融合的快乐。站在栈道上，竹林触手可及，绿树触目皆是，明城墙近在身边，紫金山迢迢在望，人仿佛置身在竹海、森林里。

图4-12-5　紫金山人行栈道

4.13　景观挡墙

4.13.1　概念

挡土墙指的是为防止路基填土或山坡岩土坍塌而修筑的能够承受土体侧压力的防止填土或土体变形失稳的墙式构造物。

景观挡墙即景观挡土墙则是在考虑挡土墙防护功能的基础上，引入景观设计的艺术手法，将其平面线形与立面造型纳入到总体设计中，使之与周边环境及其他设计组成部分融为一体的构筑物。

精心处理的景观挡土墙可以成为景观设计中的一个新的造景元素。

4.13.2　功能

挡土墙在景观中具有很重要的意义。挡土墙具有远远超乎"挡土"这一基本功能的内在价值。一道坚实的石砌挡土墙可以经历时间的流逝而依然显示其本色。从视觉方面而言，挡土墙从垂直方向上提供了一个景观的界面，在我们视野可达的范围内形成一个比较持久的景观元素。从功能上而言，挡土墙可以为人们休憩提供具有安全感的空间领域，也可以成为可触摸的材料。与地面相比较，挡土墙更容易唤起人们的视觉注意力，并且成为人们停息所依靠、所触摸的对象。挡土墙的景观价值和设计潜力应该得到应有的重视。随着时代的进步，人们环境意识、美学意识逐渐增强，挡土墙这样的工程化构筑物打破了以往界面僵化所造成的闭合感，充分利用周围各种有利条件，巧妙地安排界面曲线及界面饰物，进行艺术性设计和装饰，从而创造出满足功能、协调环境、有强烈空间艺术感的挡土墙。

4.13.3 类型

4.13.3.1 直立式景观挡土墙

① 浮雕、壁画形式 将挡土墙处理成壁画形式，可结合地方奇形妙景的历史文化中的稀、奇、古、怪、狂、野、新、拙的艺术构想的塑造，还可以选用历史名人的著名文章。材料选用地方产的花岗岩、大理石及青石刻蚀，重点刻画起到中心点景作用（图4-13-1）。

图4-13-1 浮雕、壁画式挡土墙　　　　　图4-13-2 垂直绿化式挡土墙

② 宣传栏形式 宣传栏形式多用在住宅之间的道路两侧，将挡土墙略加装饰形成阅报栏、宣传栏及广告海报专栏，既可点景，又可丰富居民的业余生活，增添浓郁的生活气息。

③ 艺术造型形式 通过艺术的手法，改变挡土墙平直单调的形式，任意加减，加设成花池或构筑物，还可利用台面材料，改变挡土墙的色彩，形成韵律，营造出一些颇具匠心的挡土墙形式。

4.13.3.2 倾斜式或台阶景观挡土墙

① 垂直绿化形式 可利用爬山虎等类攀援、爬藤植物形成垂直绿化形式，犹如一道天然的绿色屏障，丰富了色彩和景观（图4-13-2）。

② 花坛形式 把挡土墙设计成花坛的形式，增加绿化氛围，用绿化苗木来缓解视觉高差，不但美化了环境，降低了枯燥程度，还增加了观赏性，减轻了砌体工程给人带来的枯燥感，增加了苗木绿化给人以赏心悦目的感觉。也可将上述几种功能形式综合采用，增加多样性的效果，使其更加充实，更加丰富（图4-13-3）。

③ 台阶、看台形式 很明显就是把挡土墙设计成看台、台阶的形式，采用逐步过渡的方法来调节高差的影响，不仅视觉上给人宽阔舒适的感觉，还能用来休闲娱乐。这种形式多数采用在运动场、景观广场的周围，避免了高差给人的视觉压抑感，增加了艺术性，并给人们娱乐活动的空间（图4-13-4）。

图4-13-3 花坛式挡土墙　　　　　图4-13-4 台阶式挡土墙

4.13.4 设计要点

挡土墙通常采用"五化"设计手法，即化高为低、化整为零、化大为小、化陡为缓、化直为曲。这五种设计改变了挡土墙立陡的单一设计，与植物等相结合，减小了挡土墙的不利视面，增加了绿化量，既有利于创造小气候，又有利于提高空间环境的视觉品质。

4.13.4.1 化高为低

土质好，高差在1m以内的台地，设计的挡土墙要降低高度，在0.4～0.6m。上面部分放成斜坡，用花草、灌木进行绿化。如果坡度大，为了保证土坡的稳定，可用空心预制水泥方砖固定斜坡，再用花草、灌木在空隙处绿化。既美观、保持生态平衡，同时又省工省时。

4.13.4.2 化整为零

高差较大的台地，在2.5m以上，做成一次性挡土墙，会产生压抑感，同时也易造成整体误工，应化整为零，分成多阶的挡墙修筑，中间跌落处平台用观赏性较强的灌木绿化，例如连翘、丁香、榆叶梅等，也可用藤本绿化，例如五叶地锦、野蔷薇、藤本玫瑰等。土质不好要进行换土。这种设计解除了墙体视觉上的庞大笨重感，美观与工程经济得到统一。

4.13.4.3 化大为小

在一些美观上有特殊要求的地段，土质不佳时，则要化大为小，即使挡土墙的外观由大变小。做法是整个墙体分为两部分，下部加宽，形成种植池填土绿化。在景观明亮之处也可以设计成水池，放养游鱼水生植物，也可以设计成喷泉，形成观赏性很强的空间效果。

4.13.4.4 化陡为缓

把直立式挡土墙设计成斜面式，同样高度的挡土墙由于挡墙界面到人眼的距离变远了，原来看不见的内容现在能看到，视野空间变得开敞了，环境也显得更加明快了。

4.13.4.5 化直为曲

把挡土墙由直化曲，把直线条化成曲线，突出动态，更加能吸引人的视线，给人以舒美的感觉，尤其在一些特殊的场合，结合如纪念碑、露天剧场、球场等，流畅的曲线使空间形成明显的视觉中心，更有利于突出主要景物。

4.13.5 实例

4.13.5.1 某居住区景观挡墙

某居住区挡墙（图4-13-5）采用自锁式景观挡土墙，自锁式景观挡土墙是一种新型的景观材料，可以满足各种视觉效果和地形要求，并且设计施工简单快捷。在挡土墙修筑完成后产生的序

图 4-13-5 某居住区景观挡墙

列感给人一种宏伟壮观的视觉效果。

4.13.5.2　其他挡土墙实例（图 4-13-6）

图 4-13-6　其他挡土墙实例

4.14　树　　池

4.14.1　概念

当在有铺装的地面上栽种树木时，应在树木的周围保留一块没有铺装的土地，通常把它叫做树池或树穴。

4.14.2　功能

4.14.2.1　完善功能，美化容貌

城市街道中无论行道还是便道都种植有各种树木，起着遮阳蔽日、美化市容的作用。由于城市中人多、车多，便利畅通的道路是人人所希望的，如不对树池进行处理，则会由于树池的低洼不平对行人或车辆通行造成影响，好比道路中的井盖缺失一样，影响通行的安全。未经处理的树池也在一定程度上影响城市的容貌。

4.14.2.2　增加绿地面积

采用植物覆盖或软硬结合方式处理树池，可大大增加城市绿地面积。各城市中一般每条街道都有行道树，小的树池不小于 0.8m×0.8m，主要街道上的大树树池都在 1.5m×1.5m，如果把行道树的树池用植物覆盖，将增加大量的绿地。

4.14.2.3　通气保水利于树木生长

近年来我们经常发现一些行道树和公园广场的树木出现长势衰败的现象，尤其一些针叶树种，对此园林专家分析，城市黄土不露天的要求使树木树池周围的硬铺装对比有着不可推卸的责任。正是这些水泥不透气的硬铺装阻断了土壤与空气的交流，同时也阻滞了水分的下渗，导致树木根系脱水或窒息而死亡。采用透水铺装材料则能很好地解决这个问题，利于树木水分吸收和自由呼吸，从而保证树木的正常生长。

4.14.3　类型

4.14.3.1　平树池

树池池壁的外缘的高程与铺装地面的高程相平。池壁可用普通机砖直埋，也可以用混凝土预制，其宽度×厚度为60cm×120cm或80cm×220cm，长度根据树池大小而定。树池周围的地面铺装可向树池方向做排水坡。最好在树池内装上格栅（铁箅子），地面水可以通过箅子流入树池。为了防止踩踏可在树池周围的地面做成与其它地面不同颜色的铺装，这样既可起到提示的作用，又是一种装饰（图4-14-1）。

4.14.3.2　高树池

把种植池的池壁做成高出地面的树珥，以保护池内土壤，防止人的误入，踩实土壤影响树木生长。池壁的形式可以是多样的，在池内还可以种植花草装饰，有时还可以在高大树木的周围，将树基与座椅等相结合进行设计，既可以保护树木，又可供人在树荫下休憩（图4-14-2）。

图4-14-1　平树池　　　　　　　　　　　　　　图4-14-2　高树池

城市道路的路面通常是使用混凝土、花砖、天然石、沙砾等铺装而成，而这些材料大多数是防水、不透气，如果将这些材料铺装到树根处，树根就无法吸收水分和氧气，难以成活。为了树的成活、路面的完美，树池与地面间的风格统一，因此便有了对树池的设计。

4.14.4　设计要点

4.14.4.1　行道树树池设计

行道树一般以高大乔木为主，其树池面积要大，一般不少于1.2m×1.2m，由于人流较大，树池应选择箅式覆盖，材料选玻璃钢、铁箅或塑胶箅子。如行道树地径较大，则不便使用一次铸造成型的铁箅或塑胶箅子，而以玻璃钢箅子为宜，其最大优点是可根据树木地径大小、树干生长方位随意进行调整。对于分车带树池，为分割车流和人流，利于交通管理，常采用抬高树池30cm，池内填土，种植黄杨、金叶女贞等低矮植物，并通过修剪保持一定造型，起到覆盖和分割交通的作用，在为地被植物浇水的同时，也为分车带树木补充了水分。设计时要兼顾必要的人流通行，选择适宜部位进行软硬覆盖，即采用透空砖植草的方式，使分车带绿化保持完整性，又不失美化效果。

4.14.4.2　公园、游园、广场及庭院树池设计

公园、游园、广场及庭院树池由于受外界干扰少，主要为游园、健身、游憩的人们提高服务，树池覆盖要更有特色、更体现环保和生态，所以应选择体现自然与环境相协调的材料和方式进行树池覆盖。对于主环路树池可选用大块卵石填充，既覆土又透水透气，还平添一些野趣。在对称路段的树池内也可种植金叶女贞或黄杨，通过修剪保持树池植物呈方柱形、叠层形等造型，也别具风格。绿地内选择主要游览部位的树木，用木屑、陶粒进行软覆盖，具有美化功能，又可很好地解决剪草机作业时与树干相干扰的矛盾。铺装林下广场大树树池可结合环椅的设置，池内植草。其他树池为使地被植物不被踩踏，设计树池时池壁应高于地面15cm，池内土与地面相平，以给地被植物留有生长空间。片林式树池尤其对于珍贵的针叶树，可将树池扩成带状，铺设嵌草砖，增大其透气面积，提供良好的生长环境。

4.14.5　实例

北京元大都遗址公园小广场上的树池（图4-14-3），石材与钢材相结合，方圆图案相匹配，样式新颖，不仅具有很好的透水透气功能，而且方便游人行走。北京山水文园小区内用石材砌成规则的树池（图4-14-4），美观大方，可兼作休憩座椅。

图4-14-3　元大都遗址公园树池

图4-14-4　山水文园小区树池

北京立汤路行道树可移动树池（图4-14-5），采用复合材料制成，其侧面可张贴广告。

某道路树池（图4-14-6）样式新颖，造型别致，一改大部分树池在平面上作花样的设计思路，而是在立面上做文章，形成一定坡度。在选材上使用铁条，使立面效果更加突出。

多功能树池（图4-14-7）功能多样，除了具有保护树木的功能，还可作为休憩座凳使用。由于在树池侧面内嵌多个小灯，在夜间还能提供照明。

该圆形树池（图4-14-8）采用同心圆造型，简单大方。每一个圆环都保证一定宽度，铺装高度与地面持平，可方便行人通行，也免去了女士高跟鞋被卡住的尴尬。

图4-14-5　北京立汤路行道树树池

图4-14-6　某道路树池

图 4-14-7 多功能树池 图 4-14-8 圆形树池

4.15 水 景

4.15.1 概念

水景指的是以自然水体为主构成的景观。水态包括静态、流变、垂落及喷涌等形式。
水景工程即为与水体造园相关工程的总称。

4.15.2 功能

水是构成园林景观的重要元素之一。有水的园林较无水的园林多一分生机和灵动。此外，同样是有水的园林，又因水面大小、水量多少、水体形态、水体位置、水体动静、水体与其他元素配合等，而呈现出不同的景观氛围。概括起来，园林水景主要具有以下功能和特点：

4.15.2.1 营建环境景观的要素

水体景观，如喷泉、瀑布、池塘等，都以水体为题材，对环境起着美化装饰作用，或者进行空间的划分以及层次的组织，在城市整体景观中担当着重要的角色，是园林的重要构成要素。

4.15.2.2 改善环境

水对于改善环境卫生、医疗保健具有一定的作用，水能减少空气中的尘埃，增加空气的湿度，降低空气的温度，水与空气中的分子撞击能产生大量的负氧离子，具有清洁作用，有利于人们身心健康，提供体育娱乐活动及休闲场所，如游泳、划船、溜冰、船模等；如现在休闲的热点，如冲浪、漂流、水上乐园等。提供观赏性水生动物和植物的生长条件，为生物多样性创造必需的环境，如各种水生植物荷、莲、芦苇等的种植和天鹅、鸳鸯、锦鲤鱼等的饲养。

4.15.2.3 汇集、排泄天然雨水

此项功能，在认真设计的园林中，会节省不少地下管线的投资，为植物生长创造良好的立地条件。相反，污水倒灌、淹苗，又会造成意想不到的损失。

4.15.2.4 防护、隔离及防灾用水

如护城河、隔离河，以水面作为空间隔离，是最自然、最节约的办法。水面创造了园林迂回曲折的线路，隔岸相视，可望而不可即也。救火、抗旱都离不开水。城市园林水体，可作为救火备用水，郊区园林水体、沟渠，是抗旱天然管网。

4.15.2.5 提供生产用水

生产用水范围很广泛，其中最主要的是植物灌溉用水，其次是水产养殖用水，如养鱼、蚌

等。这两项内容同园林面貌和生产、经营是息息相关的。

4.15.3 水景的类型

水景的基本设计形式有 4 种：平静的、流动的、跌落的和喷涌的。平静的一般包括湖泊和水池、水塘等，流动的有溪流、水道等，跌落的有瀑布、水帘、叠水、水墙等，喷涌的有喷泉。在水景设计中往往不止使用一种，可以以一种形式为主，其它形式为辅，也可以几种形式相结合。

4.15.3.1 静水水景

静水是现代水型设计中最简单、最常用又最易取得效果的一种水景设计形式。静水的设计类型可分为规则式水池和自然式水池（湖或塘）。

规则式水池（图 4-15-1）的形状规则，多为几何形，具有现代生活的特质。

自然式水池（图 4-15-2）的特点是平面曲折有致，宽窄不一。虽由人工开凿，但宛若自然天成，无人工痕迹。池面宜有聚有分，大型的水池聚处则水面辽阔，有水乡弥漫之感。视面积大小不同进行设计，小面积水池聚胜于分，大面积水池则应有聚有分。

图 4-15-1　规则式水池

图 4-15-2　自然式水池

规则式水池的设计原则：水池面积与庭园面积有适当的比例。池的四周可为人工铺装，也可布置绿草地，地面略向池的一侧倾斜，可显美观。若配置植物，水池深度以 50～100cm 为宜，以使水生植物得以生长。水池水面可高于地面、亦可低于地面。但在有霜的地区，则池底面应在霜作用线以下，水平面则不可高于地面。

自然式水池的设计原则：自然水景与海、河、江、湖、溪相关联。这类水景设计必须服从原有自然生态景观，自然水景线与局部环境水体的空间关系，正确利用借景、对景等手法，充分发挥自然条件，形成的纵向景观、横向景观和鸟瞰景观，园林中的湖海多在天然水面的基础上加以人工开挖，就低洼处凿水形成。周边若有山峦起伏，则形成湖光山色的典型风景，可谓"悠悠烟水，增增云山，泛泛渔舟，闲闲鸥鸟"。常用堤、岛、桥等加以分隔，或使水面标高变化，形成若干大小形状对比、主次有别、深远有层次的不同水域空间。

4.15.3.2 流水水景

溪流（图 4-15-3）：指园林内带状水面，可以是长河、小溪，也可以是两山夹峙的山涧。

园林中溪流多为园中水系的一部分，以曲折幽深见长，与开阔水面形成景象对比。

溪流不仅能够划分陆地空间、形成岛洲和不同景区之间的界限，还可以成为水上路径，沟通和连接各景区、景点。

溪流的形成与地表汇水集流有关。园林中布置溪流、河道宜师法自然，根据地形理出水径。溪流的水流宜曲折狭长，水面有宽有窄，可穿岩入洞，流注峡谷，或环绕亭树楼台，萦回于山林之间。

要把溪流设计得自然，就应观察和借鉴自然溪流，并且进行创新，溪流产生出逸动飞舞的意境，其中最关键的是注意听觉和视觉的感受。

在听觉方面,在水底垫几块突出的石头,设法激起水声,让溪水流过时掀起波浪;水面上半露的石块产生浪花拍石的声音。在视觉上,石头的自然纹路,卷起的浪花给人不一样的视觉感受。

4.15.3.3 瀑布水景

人工瀑布按其跌落形式分为滑落式、阶梯式、幕布式、丝带式等多种。

模仿自然景观,要把出水口设计得隐蔽一些,增强一丝神秘感。采用天然石材或仿石材设置瀑布的背景和引导水的流向(如景石、分流石、承瀑石等),考虑到观赏效果,不宜采用平整饰面的白色花岗石作为落水墙体。为了确保瀑布沿墙体、山体平稳滑落,应对落水口处山石作卷边处理,或对墙面作坡面处理。

人工瀑布因其水量不同,会产生不同视觉、听觉效果,水落差产生的响声能够吸引人们循声而来,给人们留下更加强烈的印象(图4-15-4)。

图 4-15-3 溪流

图 4-15-4 瀑布

叠水是瀑布的变异,它强调一种规律性的阶梯落水形式,是种强调人工美的设计形式,具有韵律感及节奏感。它是落遇到阻碍物或平面使水暂时水平流动所形成的水流、高度及承水面都可通过人工设计来控制,在应用时应注层数,以免适得其反(图4-15-5)。

4.15.3.4 喷泉

喷泉(图4-15-6)是西方园林中常见的景观,主要是以人工形式在园林中运用,利用动力驱动水流,根据喷射的速度、方向、水花等创造出不同的喷泉状态。喷泉是利用压力,使水自孔中喷向空中,再自由落下。它的喷水高度、喷水式样及声光效果,可为庭园增添无限生气,使人一见有凉爽之感,且吸引人的视线,而成为有力的视觉焦点。喷泉需有宽阔场所陪衬,如公园、车

图 4-15-5 叠水

图 4-15-6 喷泉

站、都市中心、大厦广场等。由于水柱的高度、水量以及机械设备均需与环境配合，因此应注意风向、水声、湿度及水滴飞散面等。喷泉通常是规则式庭园中的重要景物，被广泛地配置于规则式水池中。而在自然式的水池中，则少有喷泉存在，若有，也多以粗糙起泡沫的水柱（涌泉）不能与四周环境调和。动态的喷水水景如能配合灯光及音响效果，则更具吸引力，也更富于变化情趣，如形成水魔术、水舞台等动态式水景。

4.15.4　设计要点

水景设计的基本原则主要有两点，一是满足功能性要求。水景的基本功能是供人观赏，因此它必须能够给人带来美感，使人赏心悦目，所以设计首先要满足艺术美感。不同的水景还能满足人们的亲水、嬉水、娱乐和健身的功能。二是满足环境的整体性要求。一个好的水景作品，要根据它所处的环境氛围、建筑功能要求进行设计，达到与整体景观设计的风格协调统一。

4.15.4.1　设计的原则

① 宜"小"不宜"大"原则　此处所谓的宜"小"不宜"大"原则指的是在设计水体时，多考虑设计小的水体，而不是那种漫无边际、毫无趣味可言的大水体。之所以现在出现了那么多的大水体可能与人们"好大喜功"的心理因素影响有关，也许大水体会让人更能感觉到水的存在，更能吸引人们的视线，可是建成后的大水体往往会出现很多的问题：大水体的养护之困难可能是设计师在设计之初所没有考虑到的；大水体往往让人有种敬而远之的感觉，而没有想亲近的感觉，因为往往在水体旁边都会有警世性的牌子：此处水深，禁止游泳，禁止垂钓……语句；大水体一般是靠人工挖出来的，因此大都是"死水"，一旦发生水体污染问题，那将是致命的。而小水体容易营建，这是其中一个方面，更重要的是小水体更易于满足人们亲水的需求，更能调动人们参与的积极性，更何况在后期养护管理中，小水体便于更好的养护，并且在水体发生污染的情况下，小水体更易于治理。

② 宜"曲"不宜"直"原则　所谓宜"曲"不宜"直"原则指的是水体最好设计成曲的。我们古典园林营建中很重要的一条是"师法自然"，即在设计中要遵循大自然中的规律，我们可以看一下我们大自然中的河流、小溪，它们大都是蜿蜒曲折的，因为这样的水景更易于形成变幻的效果。尤其是在居住区中更易于设计成仿自然的曲水。

③ 宜"下"不宜"上"原则　此处的"下"与"上"是一种相对的关系，宜"下"不宜"上"指的是设计的水景尽可能与自然中的万有引力相符合，不要设计太多的大喷泉，它们大多是向上喷的，是需要能量来支持它们抵消重力影响的，是需要耗费大量的人力、物力、财力的。因此，在现实中我们最好能充分利用重力的作用，用尽可能少的能量来形成尽可能美的景观。这是需要考验设计师创新能力的。

④ 宜"虚"不宜"实"原则　在水资源缺乏的地区，虚的水景也是一个很好的解决办法。此处的虚的水景是相对于实际水体而言的，它是一种意向性的水景，是用具有地域特征的造园要素如石块、沙粒、野草等仿照大自然中自然水体的形状而成的。这样的水景对于严重缺水地区水景的营建具有特殊的意义，同时这样的水景更易于带给人更多的思考、更多的体验。

4.15.4.2　把握水景设计的尺度

水面大小与周围环境的比例关系，是水景设计中需慎重考虑的内容，除自然形成的或已具规模的水面外，一般应加以控制。过大的水面散漫，不紧凑，难以组织，而且浪费用地；过小的水面局促，难以形成气氛。水面的大小是相对的，同样大小的水面在不同环境中所产生的效果可能完全不同。例如，苏州的怡园和艺圃两处古典宅第园林中的水面大小相差无几，但艺圃的水面明显地显得开阔和空透，与网师园的水面相比，怡园的水面虽然面积要大出约三分之一，但是，大而不见其广，长而不见其深，相反，网师园的水面反而显得空旷幽深。

把握设计中水的尺度，需要仔细地推敲所采用的水景设计形式。小尺度的水面较亲切怡人，适合于宁静、不大的空间，例如庭院、花园、城市小公共空间；尺度较大的水面浩瀚缥缈，适合于大面积自然风景、城市公园和巨大的城市空间或广场。无论是大尺度的水面，还是小尺度的水面，关键在于掌握空间中水与环境的比例关系。

4.15.4.3 水景驳岸的设计

沿水驳岸的设计是亲水景观中应重点处理的部位。驳岸与水线形成的连续景观线是否能与环境相协调，不但取决于驳岸与水面间的高差关系，还取决于驳岸的类型及用材的选择。按照其中外形可以分为普通驳岸、缓坡驳岸、阶梯驳岸、带河岸裙墙的驳岸、带平台驳岸、复合驳岸6种类型；按照砌筑材料分为砖砌驳岸、石头驳岸（图4-15-7）、混凝土驳岸、鹅卵石驳岸、植草土驳岸（图4-15-8）等；对于现代景观设计中的沿水驳岸，无论规模大小，无论是规则几何式驳岸还是不规则驳岸，驳岸的高度、水的深浅设计都应满足人的亲水性要求，驳岸尽可能贴近水面，以人手能触摸到水为最佳。亲水环境中的其他设施（如水上平台、汀步、栈桥、栏索等），也应以人与水体的尺度关系为基准进行设计。驳岸设计也要考虑安全因素，一般近岸处水宜浅(0.4～0.6m)，以求节约和安全。人流密集地方，如何防止落水，也须多费匠心。

图 4-15-7　石头驳岸　　　　　　　　　图 4-15-8　植草土驳岸

4.15.5　实例

北京颐和园后湖（图4-15-9），实为长河，两岸夹峙，水面时宽时窄，窄处夹岸叠石，形若峡谷，宽处于水岸置殿阁亭台、柳荫花丛，水流由西向东，直抵谐趣园，空间开合收放，景物变化多端，为一完整的水景空间序列的表现。

该驳岸（图4-15-10）采用更加生态的草坡入水形式，水里利用石块和丰富的水生植物搭配来营造更具自然气息的水系景观。

水景与夜景的结合（图4-15-11）、广场上喷泉与石块的巧妙设计，使其不再单调，其乐无穷（图4-15-12）。

图 4-15-9　颐和园后湖　　　　　　　　图 4-15-10　生态驳岸

图 4-15-11 水体夜景

图 4-15-12 石块与喷泉

4.16 景观膜结构

4.16.1 概念

膜结构是用高强度柔性薄膜材料与支撑体系相结合形成具有一定刚度的稳定曲面，能承受一定外荷载的空间建筑结构形式。

膜结构建筑是 20 世纪 60 年代问世的新型建筑。它是一种可融合于自然、又可点缀于园林景观的建筑，还是一种在材料力学功能上最先进的建筑，更是一种极具现代感而又巧妙揉合一些传统因素的建筑。

其造型新颖、飘逸、刚柔相济，是不少景观建筑师的梦中形象。

膜结构具有自由轻巧、节能阻燃、制作简易、安装快捷、易于维修、使用安全等优点，因而在世界各地受到广泛应用。

目前主要应用于城市景观、体育设施、园林小品、门廊装饰等处。

4.16.2 功能

4.16.2.1 自由的建筑形体塑造

多变的支撑结构和柔性膜材使建筑物造型更加多样化，新颖美观，同时体现结构之美，且色彩丰富，可创造更自由的建筑形体和更丰富的建筑语言。膜建筑造型独特，呈现富于变幻、新奇诱人的视觉效果。同时膜建筑奇特的造型和夜景效果有明显的"建筑可识性"和商业效应，其价格效益比更高。

4.16.2.2 大跨度的建筑空间

膜结构可以从根本上克服传统结构在大跨度（无支撑）建筑上所遇到的困难，可创造巨大的无遮挡可视空间，有效增加空间使用面积。由于自重轻，膜建筑可以不需要内部支撑而大跨度覆盖空间，这使人们可以更灵活、更有创意地设计和使用建筑空间。目前膜结构建筑的最大跨度已超过 200m。

4.16.2.3 好的经济效益

膜建筑屋面重量仅为常规钢屋面的 1/30，相对传统混凝土屋面自重轻的优势更加明显，这大大降低了墙体和基础的造价。膜建筑中采用具有防护涂层的膜材，可以使建筑具有良好的自洁效果，同时保证建筑的使用寿命。特别是在建造短期应用的大跨度建筑时，使用膜结构就更为经济，而且膜结构能够拆卸，易于搬迁。

4.16.3 类型

从结构方式上大致可分为骨架式、张拉式、充气式膜结构3种形式。

4.16.3.1 骨架式膜结构

以钢构或是集成材构成的屋顶骨架后，在其上方张拉膜材的构造形式，下部支撑结构安定性高，因屋顶造型比较单纯，开口部不易受限制，且经济效益高等特点，广泛适用于任何大小规模的空间。

4.16.3.2 张拉式膜结构

以膜材、钢索及支柱构成，利用钢索与支柱在膜材中导入张力以达安定的形式。除了可实践具创意、创新且美观的造型外，也是最能展现膜结构精神的构造形式。近年来，大型跨距空间也多采用以钢索与压缩材构成，钢索网来支撑上部膜材的形式。因施工精度要求高，结构性能强，且具丰富的表现力，所以造价略高于骨架式膜结构。

4.16.3.3 充气式膜结构

充气式膜结构是将膜材固定于屋顶结构周边，利用送风系统让室内气压上升到一定压力后，使屋顶内外产生压力差，以抵抗外力，因利用气压来支撑，及钢索作为辅助材料，无需任何梁、柱支撑，可得更大的空间，施工快捷，经济效益高，但需维持进行24h送风机运转，在持续运行及机器维护费用的成本上较高。

4.16.4 设计要点

景观膜结构设计打破了传统的"先建筑，后结构"做法，要求建筑设计与结构设计无可选择地变成完美的结合。景观膜建筑方案实质上也同时是膜结构体系方案。在设计过程中，建筑师必须对膜结构体系有深刻的理解，其"找形"设计先按建筑要求设定大致的几何外形，然后对膜面施加的预应力进行传力体系分析。在设计时必须综合考虑以下几点：

4.16.4.1 建筑结构的形式感与自然环境的协调

建筑设计越来越注重环境，与整体环境的关系是否和谐早已成为人们评判建筑设计成功与否的关键。景观膜建筑在空间和平面布局上的高度灵活性，使其往往与周边环境极其自然地融为一体，有意识地去运用膜建筑的自由形态以形成空间上聚聚合合、若分若离的多层次变换，使建筑美与自然美相得益彰。

4.16.4.2 结构力学形式美的应用

在膜建筑的空间造型中，可以充分利用结构中符合力学规律和力学原理的形式美的因素，来增强建筑艺术的表现力。如"拉力"在膜结构的平衡与稳定中起着越来越大的作用，带有"索"的各种结构系统，从根本上改变了传统建筑基于受压力学原理之上的空间造型特征，不仅会变得轻巧、雅致，甚至给人以飘然失重的感觉，造成了强烈的浮游空中的"动态平衡"的视觉印象，在某种情况下，膜建筑表面上的不稳定性又可能创造出一种特殊的美感。

4.16.4.3 建筑结构的设计与空间造型的结合

充分利用结构形式中对建筑审美的有利方面，着眼于空间造型的整体感和逻辑性，以简求新，这乃是与结构技术发展相适应的现代建筑艺术表现技巧的基本特点。在膜建筑设计中必须综合考虑：是否合理选择了预张力施加结构的设置位置及方式，能使预张力顺畅地向各方向传递，保证预张力施加机构正常工作的同时满足视觉和使用功能要求；各基础及锚座的位置和尺寸是否满足视觉美学要求和功能使用要求，并应特别注意各位锚点不致影响人行或车行交通；从结构受力加工制作和视觉效果等方面综合考虑膜材料焊缝的布置和走向。

4.16.5 实例

4.16.5.1 中国国际高新技术成果交易中心

位于深圳深南路和益田路交会处的中国国际高新技术成果交易中心（图4-16-1），膜覆盖面积为2500m² 的，此建筑成为展区空间序列的主旋律，营造出了颇有美感的空间环境，更重要的是这一空间很好地将平面上各建筑完美地结合起来，成为交易中心整体建筑的点睛之笔。

图4-16-1　中国国际高新技术成果交易中心

4.16.5.2 收费站膜结构

公路作为城市与城市之间联系的纽带，其收费站将给人们留下进入城市的第一印象，因此具有新颖独特的建筑形象是很有必要的。此收费站（图4-16-2）采用膜结构，显得轻巧别致、极具现代化风格，且能够形成大跨度空间。

图4-16-2　收费站膜结构

4.16.5.3 公园景观膜

在公园中构造一座膜小品（图4-16-3），既生动地美化了环境，如同广阔绿洲中的点点白帆，又有很强的功能性，人们可以在行走之暇小憩一会儿。

4.16.5.4 居住区景观膜

此膜结构（图4-16-4）轻巧别致，极具现代化风格，形成了全天候的建筑空间，为居民在户外提供防风雨、防日晒等人工环境。

图 4-16-3　公园景观膜

图 4-16-4　居住区景观膜

附　　录

附录1　园林建筑设计识图

1.1　园林建筑设计图纸的组成

1.1.1　园林建筑总平面图：总平面图是表现一个工程总体布局的图纸。它主要表示原有和新建房屋的位置、标高、道路布置、构筑物、地形、地貌等，作为新建房屋定位、施工放线、土方施工以及施工总平面布置的依据。主要内容包括新建区域的总体布局、建筑物的平面位置、室内外地坪标高、地面坡度及排水方向、指北针、管线综合布置范围、绿化布置等。

1.1.2　园林建筑平面图：园林建筑平面图是园林建筑施工图的基本样图，它是假想用一水平的剖切面沿门窗洞位置将房屋剖切后，对剖切面以下部分所作的水平投影图。它反映出园林建筑的平面形状、大小和布置，墙、柱的位置、尺寸和材料，门窗的类型和位置等（附图1-1）。

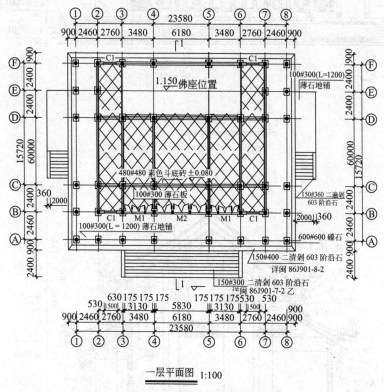

一层平面图　1:100

附图 1-1　园林建筑平面图

1.1.3　园林建筑立面图：园林建筑立面图是在与园林建筑立面相平行的投影面上所做的正投影图。它主要反映建筑外貌以及建筑和室外空间的结合情况（附图1-2），主要内容包括：

① 建筑物外形和门窗、台阶、雨棚、阳台、烟囱、雨水管等的位置；

② 建筑物总高度、各楼层高度、室内外地坪标高以及烟囱高度的标高表示；

③ 建筑外墙所用材料及饰面分格的表示；

④ 墙身剖面图位置的表示。

1.1.4　园林建筑剖面图：假想用一个或多个垂直于外墙轴线的铅垂剖切面，将建筑剖开，所得的投影图，称为建筑剖面图，简称剖面图。剖面图用以表示建筑内部的结构或构造形式、分层情况和各部位的联系、材料及其高度等（附图1-3）。主要内容包括：

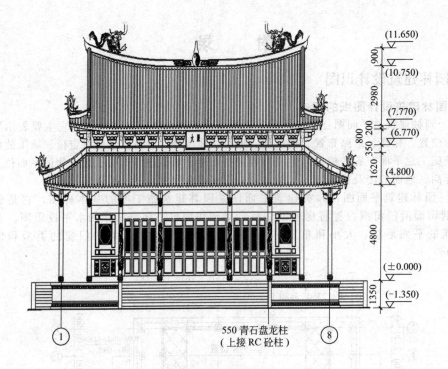

(11.650)
900
(10.750)
2980
(7.770)
800
(6.770)
200
350
1620
(4.800)
4800
550 青石盘龙柱
（上接 RC 砼柱）

(±0.000)
1350
(−1.350)

①　　　　　　⑧

①-⑧ 轴立面图 1:100

附图 1-2　园林建筑立面图

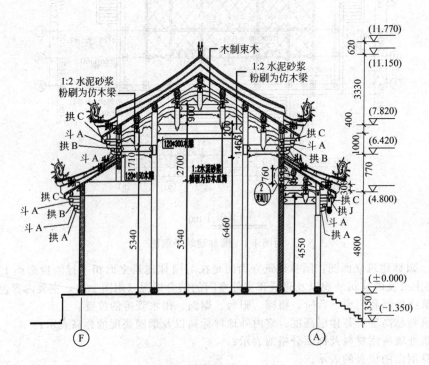

木制束木
1:2 水泥砂浆
粉刷为仿木梁

1:2 水泥砂浆
粉刷为仿木梁

拱 C
斗 A
拱 B
斗 A

拱 C
斗 A
拱 B

拱 C
斗 A
拱 B
斗 A
拱 A

120×300 木梁
900
200
1710
2700
1465
120×150 木梁
900
1:2 水泥砂浆
粉刷为仿木瓜筒
7760
②
五脊门

拱 C
斗 J
拱 A

5340
5340
6460
4550

拱 C
斗 A
拱 B
斗 A
拱 A

(11.770)
620
(11.150)
3330
(7.820)
400
(6.420)
1000
770
(4.800)
4800

(±0.000)
1350
(−1.350)

Ⓕ　　　　　　Ⓐ

1-1 剖面图 1:100

附图 1-3　园林建筑剖面图

① 建筑物各部位高度的表示；

② 建筑物主要承重构件的位置、结构形式以及相互关系的表示；

③ 剖面图中不能详细表达的地方，有时引出索引号另画详图表示。

1.1.5 园林建筑详图：把园林建筑构造的局部要体现清楚的细节用较大比例绘制出来，表达出构造做法、尺寸、构配件相互关系和建筑材料等，相对于平面、立面、剖面而言，是一种辅助图样，通常很多标准做法都可以采用设计通用详图集。

1.2 园林建筑设计图纸的表示方法

图纸幅面与编排顺序简介如下：

（1）图纸幅面应符合《房屋建筑制图统一标准》条文规定：

① 图纸幅面及图框尺寸采用附表 1-1 的数据。

附表 1-1　常用图纸尺寸及图框大小

图 幅	A0	A1	A2	A3	A4
图纸大小/mm	841×1189	841×594	420×594	420×297	210×297
图框大小/mm	831×1179	831×584	410×584	415×292	205×292

② 需要微缩复制的图纸，其一条边上应附有一段准确米制尺度，四条边上均附有对中标志，米制尺度的总长应为 100mm，分格应为 10mm，对中标志应画在图纸各边长的中点处，线宽应为 0.35mm，伸入框内应为 5mm。

③ 图纸的短边一般不应加长，长边可加长，但应符合附表 1-2 的规定。

（2）图纸编排顺序，应符合《房屋建筑制图统一标准》。工程图纸应按专业顺序编排。一般应为图纸目录、总平面图、平面图、立面图、剖面图、建筑详图……各专业的图纸，应该按图纸内容的主次关系、逻辑关系，有续排列。

附表 1-2　图纸长边加长尺寸/mm

幅面尺寸	长边尺寸	长边加长后尺寸
A0	1189	1486　1635　1783　1932　2080　2230　2378
A1	841	1050　1261　1471　1682　1892　2102
A2	594	734　891　1041　1189　1338　1486　1635　1783　1932　2080
A3	420	630　841　1051　1261　1471　1682　1892

注：有特殊要求的图纸，可采用 b×l 为 841mm×891mm 与 1189mm×1261mm 的幅面。

（3）常用线型、线宽及用途　建筑平面图的线型按"国标"规定，凡是被剖切到的墙、柱的断面轮廓线，宜用粗实线，门窗的开启示意线用中实线表示，其余可见投影线则用中实线、细实线表示。

基本线宽 b 应根据图纸类别、比例和复杂程度，按照《房屋建筑制图统一标准》中的规定选用，宜为 0.7mm 或 1.0mm，常用线宽为 0.25b、0.5b、0.75b、b；各种线型（虚线、直线、点划线等）的线宽及用途见附表 1-3。

附表 1-3　常用线型、线宽及用途

名称	线性	线宽	用　途
粗实线		b	①主要可见轮廓线； ②平、剖图中主要构配件断面的轮廓线； ③建筑立面图的外轮廓线； ④详图中主要部分的断面轮廓线和外轮廓线； ⑤总平面图中新建建筑物的可见轮廓线

名称		线性	线宽	用　途
粗虚线			b	①新建建筑的不可见轮廓； ②结构图上不可见刚进及螺栓线
中实线			0.50b	①建筑平、立、剖面中一般构件的轮廓线； ②平、剖面图中一般构件的轮廓线； ③总平面图中新建道路、桥涵、围墙等及其他设施的可见轮廓线和区域分界线； ④尺寸起止符号
中虚线			0.50b	①一般不可见轮廓线； ②建筑构造及建筑构配件不可见轮廓线； ③总平面图中计划扩建的建筑物、铁路、桥涵、围墙的可见轮廓线； ④平面中吊车轮廓线
细实线			0.25b	①总平面图中新建人行道、排水沟、草地、花坛可见轮廓线，原有道路、建筑物、铁路、桥涵、围墙的可见轮廓线； ②图例线、索引符号、尺寸线、尺寸界线、引出线、标高符号、较小图形的中心线
细虚线			0.25b	①总平面图中原有建筑物、铁路、道路、桥涵、围墙的不可见轮廓线； ②结构详图中不可见钢筋混凝土构建轮廓线； ③图例线
单点长画线	粗		b	①吊车轨道线； ②结构图中的支撑线
	细		0.25b	分水线、定位轴线、对称线、中心线
双点长画线	粗		b	预应力钢筋线
	细		0.25b	原有结构轮廓线
折断线			0.25b	断开界线
波浪线			0.25b	断开界线

　　同一张图纸内，相同比例的各图样，应选用相同的线宽组；相互平行的图线，其间隙不宜小于其中的粗线宽度，且不宜小于 0.7mm；图线不得与文字、数字或符号重叠、混淆，不可避免时，应首先保证文字等的清晰。

　　（4）比例　园林建筑制图常用的比例，宜符合附表 1-4 的要求。

附表 1-4　常用比例

名　称	比　例	备　注
区域规划图、区域位置图	1∶50000、1∶25000、1∶10000 、1∶5000、1∶2000	宜与总图专业一致
总平面图	1∶1000、1∶500、1∶250	宜与总图专业一致
建筑平面图	1∶300、1∶200、1∶100、1∶50	
建筑立面图	1∶300、1∶200、1∶100、1∶50	
建筑剖面图	1∶300、1∶200、1∶100、1∶50	
局部放大图	1∶50、1∶30、1∶20、1∶10	宜与建筑专业一致
详图	1∶50、1∶30、1∶20、1∶10、1∶5、1∶2、1∶1、2∶1	宜与建筑专业一致

　　（5）字体

　　图纸中所书写的字体、图例的表示应符合《房屋建筑制图统一标准》GB/T 50001 规定。字体太大显得不美观、不协调，字体太小则无法辨认。园林建筑工程图中，通常数字高为 3.5mm 或 2.5mm；字母字高为 5mm、3.5mm 或 2.5mm；说明文字及表格中的文字高为 5mm 或 7mm；图名字高为 10mm 或 7mm。

　　（6）园林建筑平面图的标注

　　① 轴线　为了建筑工业化，在建筑平面图中，采用轴线网格划分平面，使房屋的平面构件和配件趋于统一，这些轴线叫定位轴线。它是确定房屋主要承重构件（墙、柱、梁）位置及标注尺寸的基线，采用细单点画线表示。"国标"规定：水平方向的轴线自左至右用阿拉伯数字依次

连续编为①、②、③…；竖直方向自下而上用大写拉丁字母依次连续编为Ⓐ、Ⓑ、Ⓒ…，并除Ⅰ、O、Z三个字母，以免与阿拉伯数字中的0、1、2三个数字混淆。如建筑平面形状较特殊，也可采用分区编号的形式来编注轴线，其方式为"分区号—该区轴线号"，轴线线圈用细实线画出，直径为8～10mm。

② 尺寸标注　建筑平面图标注的尺寸有外部尺寸和内部尺寸。

外部尺寸包括在水平方向和竖直方向各标注三道。最外一道尺寸标注房屋水平方向的总长、总宽，称为总尺寸；中间一道尺寸标注房屋的开间、进深，称为轴线尺寸（注：一般情况下两横墙之间的距离称为"开间"；两纵墙之间的距离称为"进深"；最里边一道尺寸标注房屋外墙的墙段及门窗洞口尺寸，称为细部尺寸。

如果建筑平面图图形对称，宜在图形的左边、下边标注尺寸，如果图形不对称，则需在图形的各个方向标注尺寸，或在局部不对称的部分标注尺寸。

内部尺寸包括房屋内部门窗洞口、门垛、内墙厚、柱子截面等细部尺寸。

③ 标高、门窗编号　平面图中应标注不同楼地面标高，房间及室外地坪等标高。为编制概预算的统计及施工备料，平面上所有的门窗都应进行编号。门常用"M_1"、"M_2"或"M-1"、"M-2"等表示，窗常用"C_1"、"C_2"或"C-1"、"C-2"表示，也可用标准图集上的门窗代号来编注门窗。门窗编号为"MF"、"LMT"、"LC"的含义依次分别为"防盗门"、"铝合金推拉门"、"铝合金门窗"。为便于施工，图中还常列有门窗表，见附图1-4。

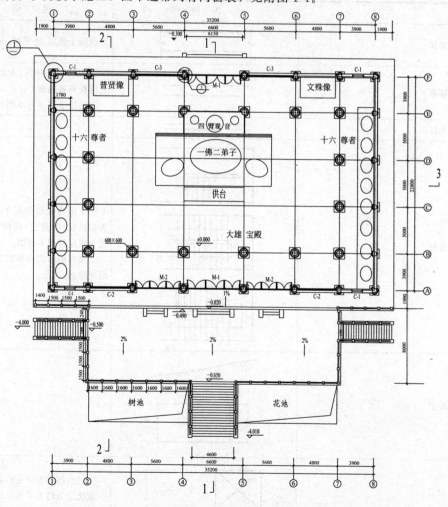

附图1-4　建筑层平面图

④ 剖切位置及详图索引　为了表示房屋竖向的内部情况，需要绘制建筑剖面图，其剖切位置应在底层平面图中标出，其符号为"⌐⌐"，其中表示剖切位置的"剖切位置线"长度为6～10mm；剖视方向线应垂直剖切位置线，长度应短于剖切位置线，宜为4～6mm，如图中某个部位需要画出详图，则在该部位要标出详图索引标志（见附图1-5～附图1-7）。

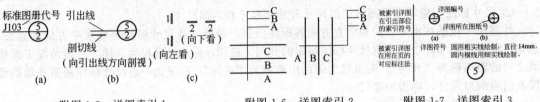

附图 1-5　详图索引 1　　　　附图 1-6　详图索引 2　　　　附图 1-7　详图索引 3

⑤ 房间功能说明
平面图中各房间的用途宜用文字标出，如"办公室"、"会议室"等。

附录2　园林建筑制图主要图例

见附表 2-1、附表 2-2。

附表 2-1　建筑构造及配件图例

序号	名　称	图　例	说　明
1	墙体		包括土坯墙、土筑墙、三合土墙等
2	隔断		①包括板条抹灰、木制、石膏板、金属材料等隔断；②适用于到顶与不到顶隔断
3	栏杆		
4	楼梯		①上图为底层楼梯平面图，中间为标准层（中间层）楼梯平面图，下图为顶层楼梯平面图；②楼梯的形式和步数应按照实际情况绘制
5	坡道		
6	检查孔		实线绘制的为可见检查孔；虚线绘制的为不可见检查孔

序号	名　称	图　例	说　明
7	孔洞		
8	坑槽		
9	墙预留洞	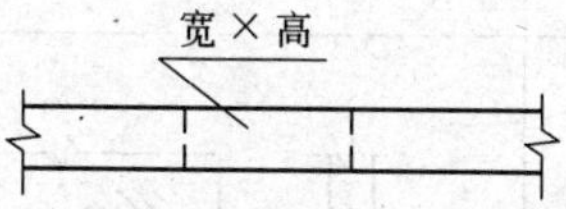 宽×高	
10	墙预留槽	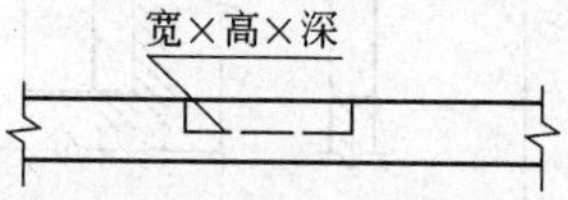 宽×高×深	
11	烟道	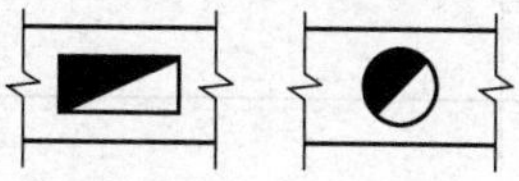	
12	通风道	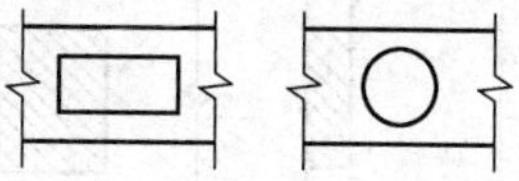	
13	新建的墙和窗	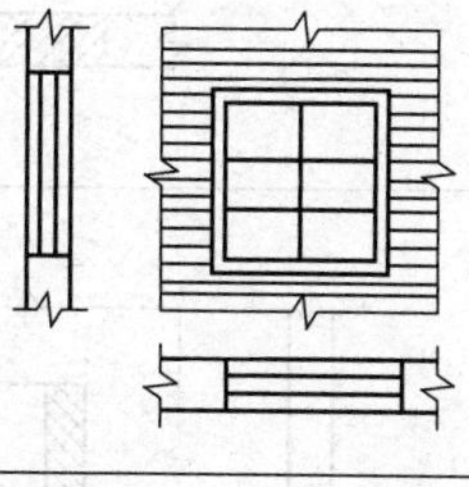	
14	改建时保留的原有墙和窗	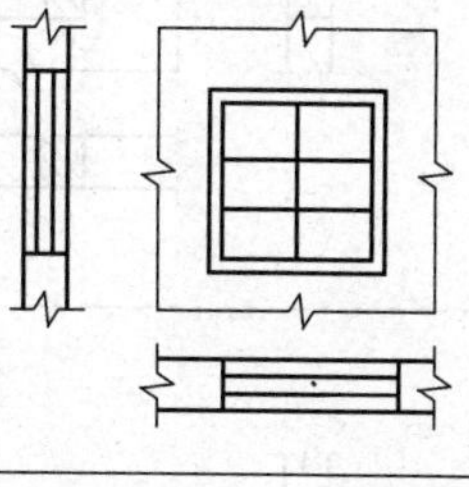	
15	应拆除的墙和窗	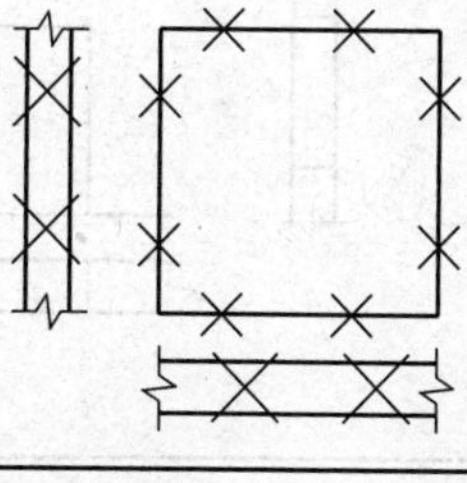	

序号	名 称	图 例	说 明
16	在原有墙或楼板上新开的洞	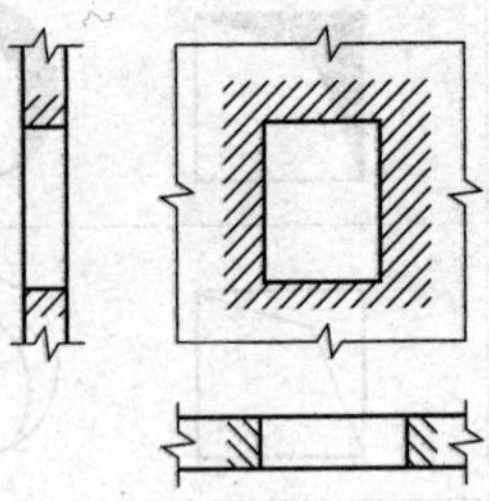	
17	在原有洞旁放大的洞	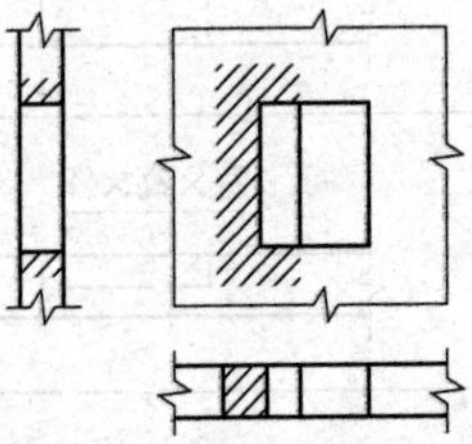	
18	在原有墙或楼板上全部填塞的洞	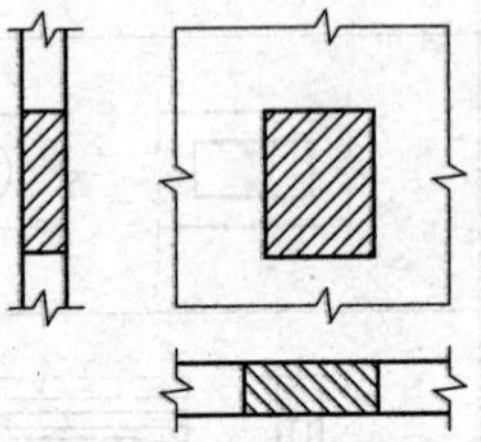	
19	在原有墙或楼板上局部填塞的洞	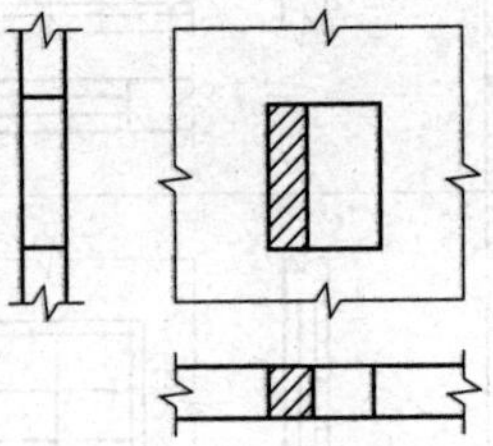	
20	空门洞	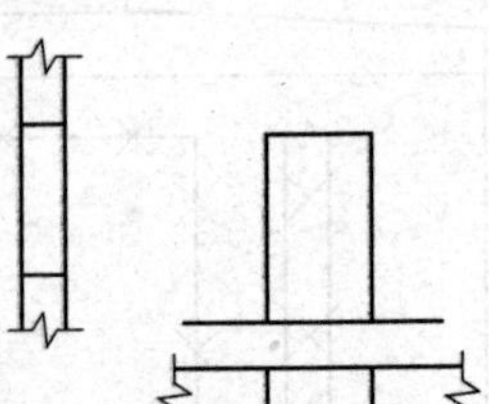	

序号	名　称	图　例	说　明
21	单扇门（包括平开或单面弹簧）	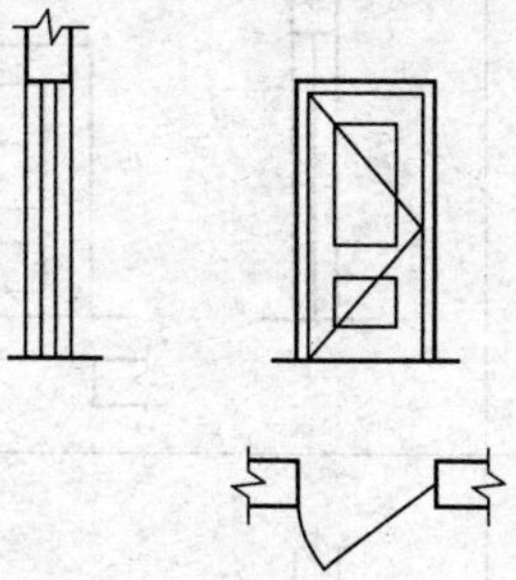	①门的名称代号用"M"表示； ②在剖面图中左为外、右为内，在平面图中下为外、上为内； ③在立面图中开启方向线交角的一侧为安装合页的一侧，实线为外开，虚线为内开； ④在平面图中的开启弧线及立面图中的开启方向线，在一般设计图上不需表示，仅在制作图上表示； ⑤立面形式应按实际情况绘制
22	双扇门（包括平开或单面弹簧）	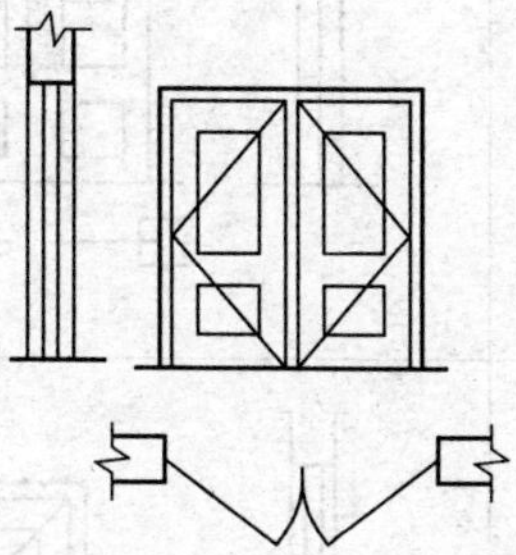	
23	对开折叠门	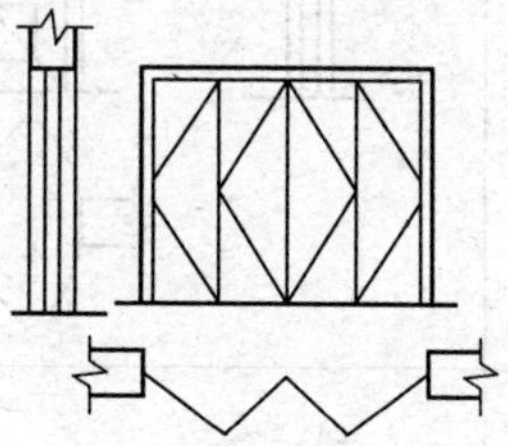	
24	墙外单扇推拉门	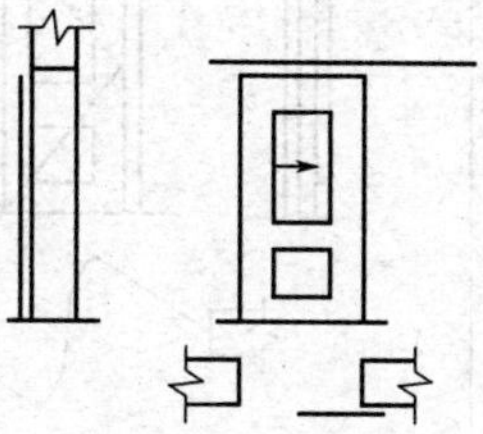	同序号 21～23 说明中的①、②、⑤
25	墙外双扇推拉门	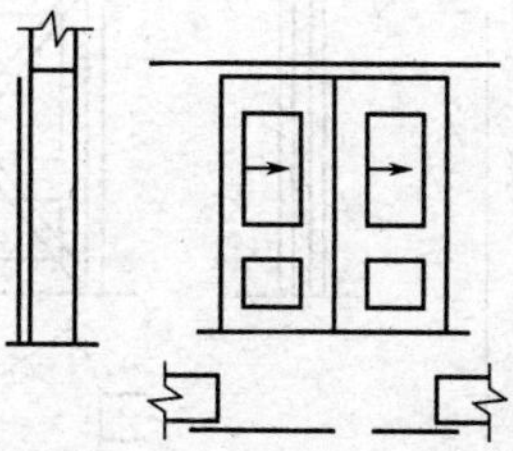	同序号 24

序号	名 称	图 例	说 明
26	墙内单扇推拉门		同序号 24
27	墙内双扇推拉门		同序号 24
28	单扇双面弹簧门		同序号 21
29	双扇双面弹簧门		同序号 21
30	单扇内外开双层门（包括平开或单面弹簧）		同序号 21

序号	名　称	图　例	说　明
31	双扇内外开双层门（包括平开或单面弹簧）	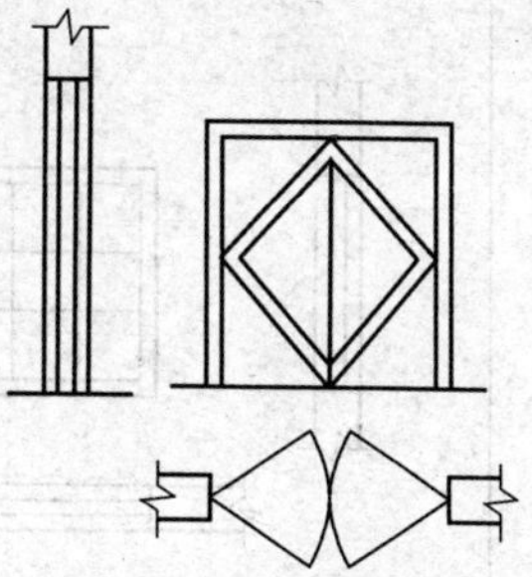	同序号 21
32	转门	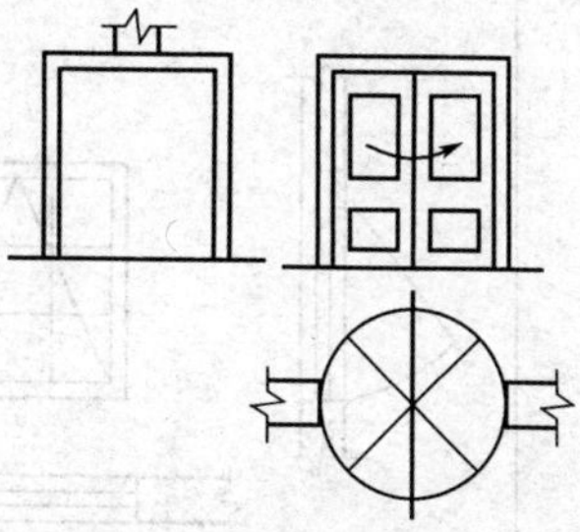	同序号 21 说明中的①、②、④、⑤
33	折叠上翻门	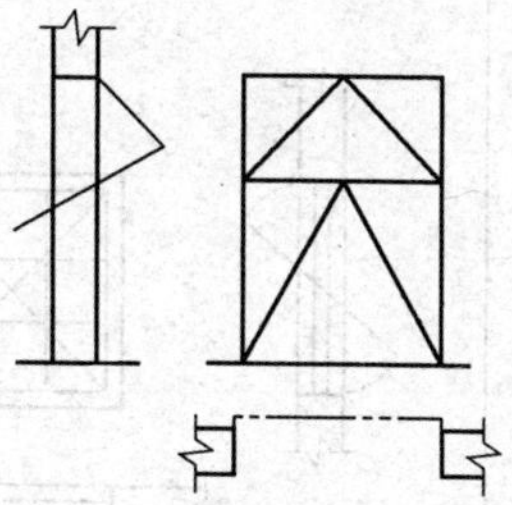	同序号 21
34	卷门	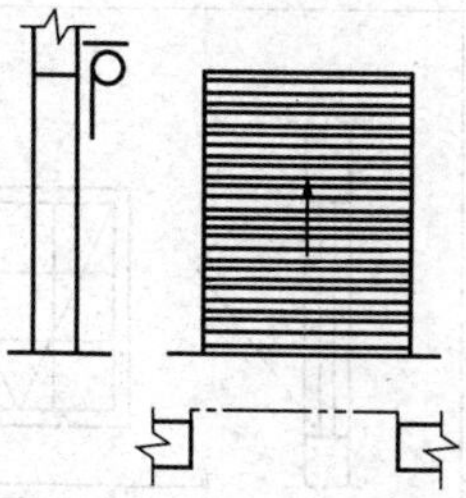	同序号 21 说明中的①、②、⑤
35	提升门	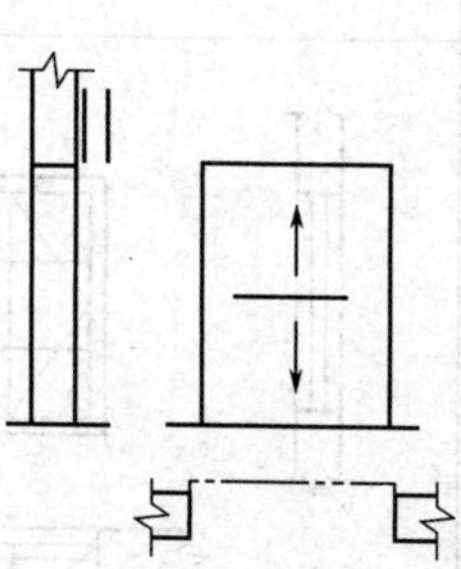	同序号 21 说明中的①、②、⑤

序号	名 称	图 例	说 明
36	单层固定窗	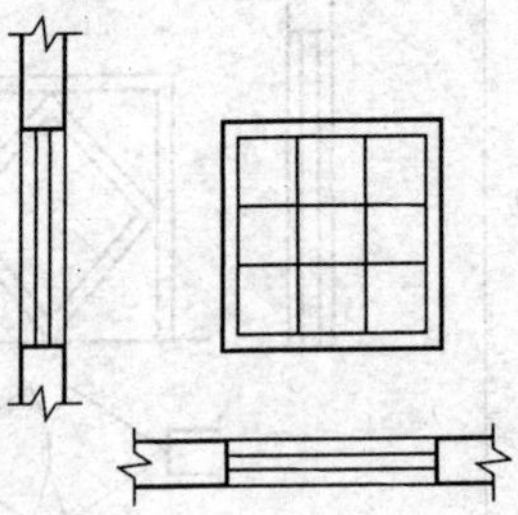	①窗的名称代号用"C"表示； ②立面图中的斜线表示窗的开关方向，实线为外开，虚线为内开；开启方向线交角的一侧为安装合页的一侧，一般设计图中可不表示； ③剖面图上左为外，右为内，平面图中下为外，上为内； ④平、剖面图上的虚线仅说明开关方式，设计图中不需要表示； ⑤窗的立面形式应按照实际情况绘制
37	单层外开上悬窗	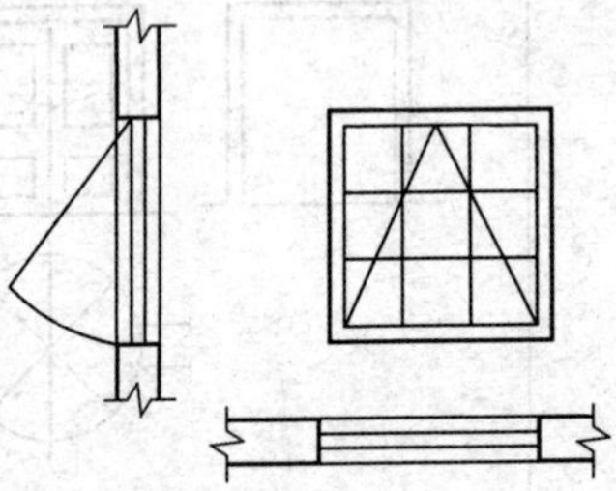	
38	单层中悬窗	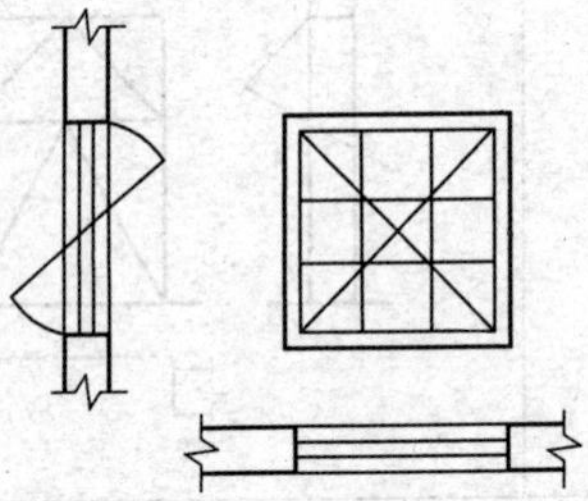	同序号36
39	单层内开下悬窗	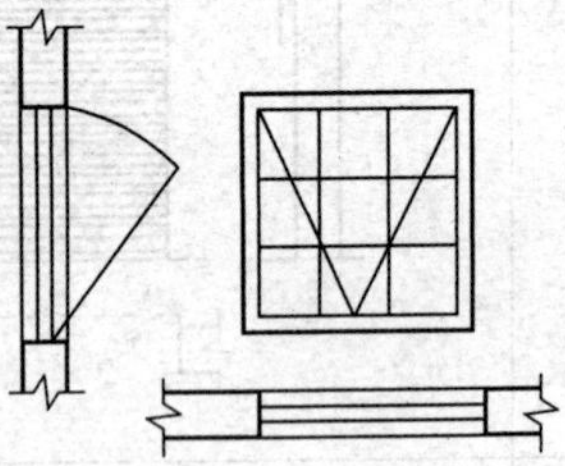	同序号36
40	单层外开平开窗	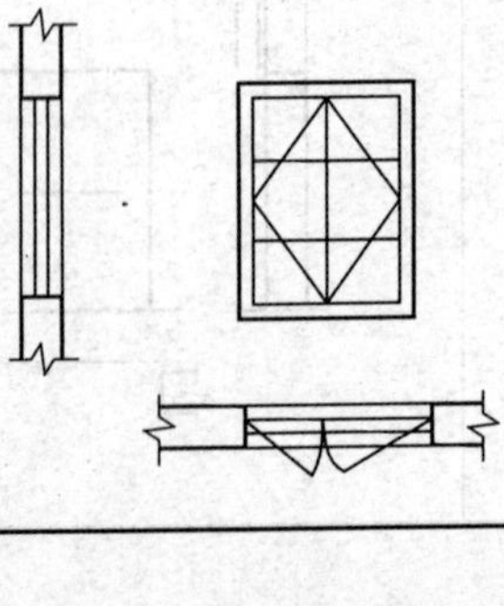	同序号36

序号	名　称	图　例	说　明
41	立转窗		同序号 36
42	单层内开平开窗		同序号 36
43	双层内外开平开窗		同序号 36
44	左右推拉窗		同序号 38 说明中的①、③、⑤
45	上推窗		同序号 38 说明中的①、③、⑤
46	百叶窗		同序号 36

附表 2-2　一般钢筋图例

序号	名　　称	图　　例	说　　明
1	钢筋横断面		
2	无弯钩的钢筋端部		下图表示长短钢筋投影重叠时可在短钢筋的端部用 45° 短划线表示
3	带半圆形弯钩的钢筋端部		
4	带直钩的钢筋端部		
5	带丝扣的钢筋端部		
6	无弯钩的钢筋搭接		
7	带半圆弯钩的钢筋搭接		
8	带直钩的钢筋搭接		
9	套管接头(花篮螺丝)	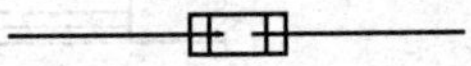	
10	在平面图中配置双层钢筋时,向上或向左的弯钩表示底层钢筋,向下或向右的弯钩表示顶层钢筋	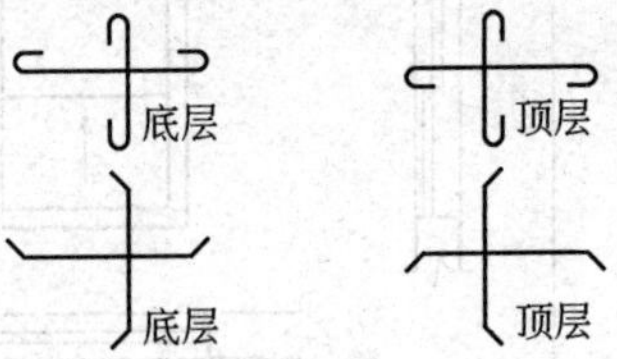 底层　　顶层 底层　　顶层	
11	配双层钢筋的墙体,在配筋立面图中,向上或向左的弯钩表示远面的钢筋,向下或向右的弯钩表示近面的钢筋	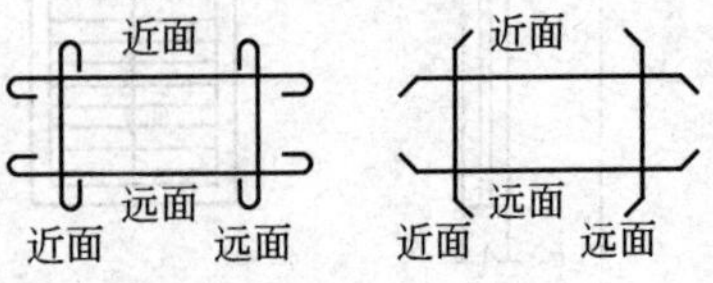 近面　　近面 远面　　远面 近面　远面　近面　远面	

附表 2-3　卫生器具图例

序号	名　称	图　例	序号	名　称	图　例
1	水盆水池	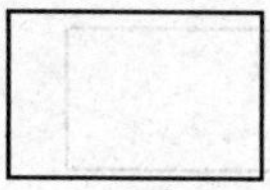	12	蹲式大便器	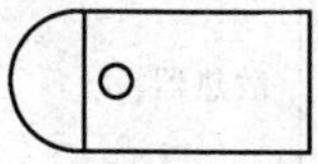
2	洗脸盆	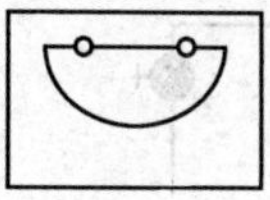	13	坐式大便器	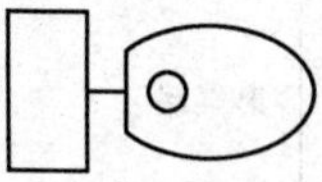
3	立式洗脸盆	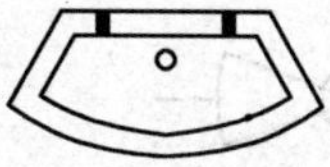	14	小便槽	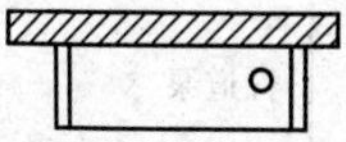
4	浴盆	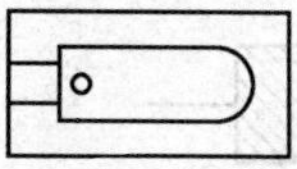	15	饮水器	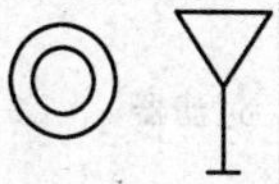
5	化验盆、洗涤盆	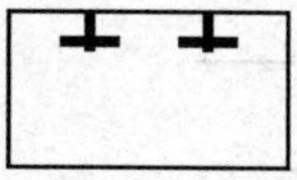	16	淋浴喷头	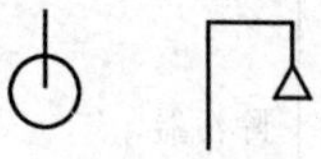
6	带算洗涤盆	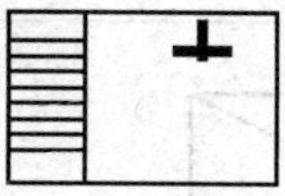	17	矩形化粪池	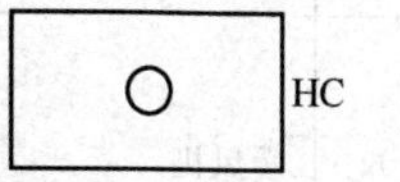
7	盥洗盆	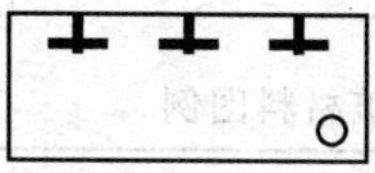	18	存水弯	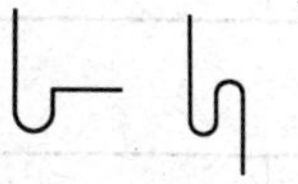
8	污水池		19	检查口	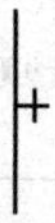
9	妇女卫生盆		20	清扫口	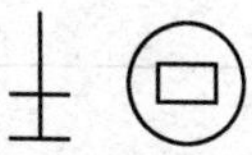
10	立式小便器	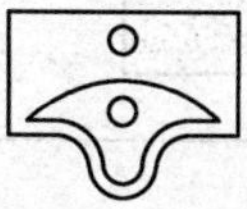	21	通气帽	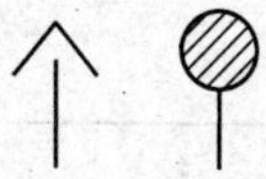
11	挂式小便器		22	圆形地漏	

附表 2-4　采暖器具图例

序号	名　称	图　例	说　明
1	散热器	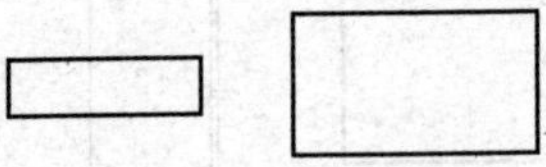	左图:平面 右图:立面
2	集气罐	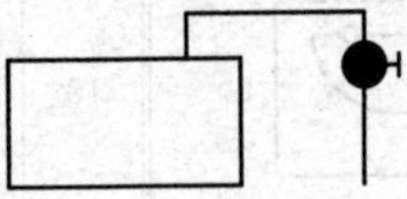	
3	管道泵	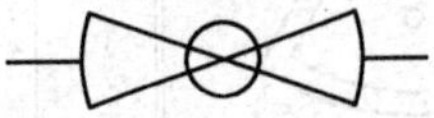	
4	过滤器	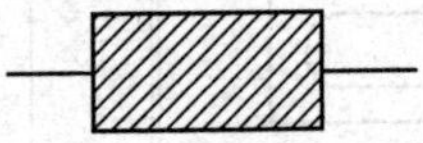	
5	除污器	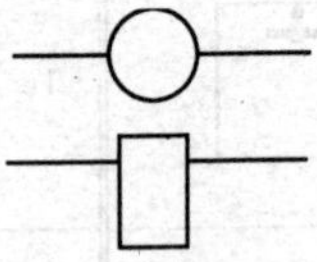	上图:平面 下图:立面
6	暖风机	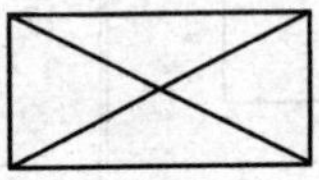	

附表 2-5　常用建筑材料图例

序号	名　称	图　例	说　明
1	自然土壤		包括各种自然土壤
2	夯实土壤		
3	砂、灰土	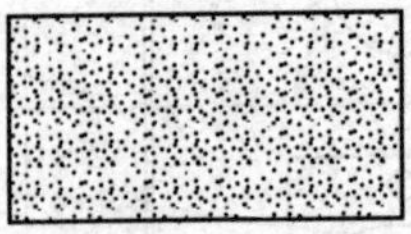	靠近轮廓线点较密
4	砂砾石、碎砖、三合土	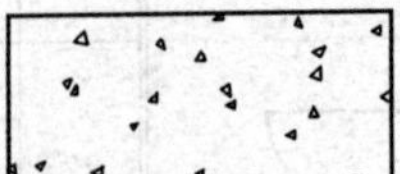	

序号	名　称	图　例	说　明
5	天然石材	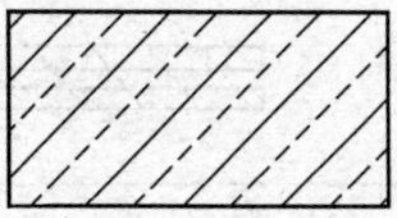	包括岩层、砌体、铺地、贴面等材料
6	毛石	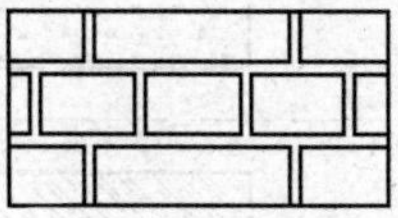	
7	普通砖		①包括砌体、砌块； ②断面较窄，不易画出图例线时可涂红
8	耐火砖	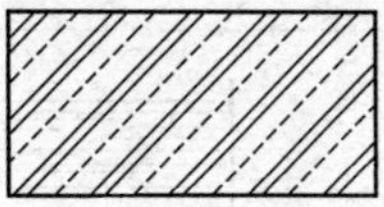	包括耐酸砖等
9	空心砖	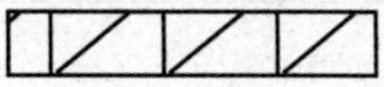	包括各种多孔砖
10	饰面砖		包括铺地砖、陶瓷锦砖、人造大理石等
11	混凝土	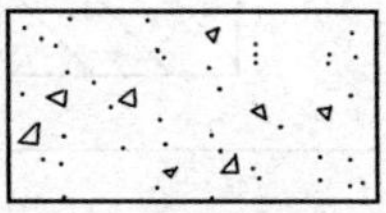	①本图例只适用于能承重的混凝土和钢筋混凝土； ②包括各种标号、骨料、添加剂的混凝土； ③在剖面图上画出钢筋时，不画图例线； ④断面较窄，不易画出图例线时，可涂黑
12	钢筋混凝土	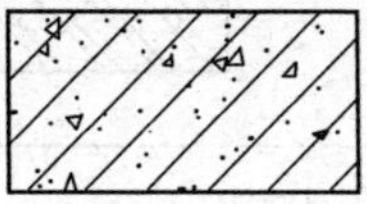	
13	焦渣、矿渣	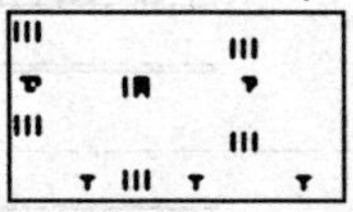	包括与水泥、石灰等混合而成的材料
14	多孔材料	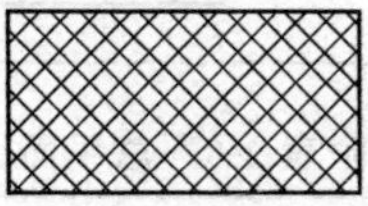	包括水泥珍珠岩、沥青珍珠岩、泡沫混凝土、非承重加气混凝土、泡沫塑料、软木等
15	纤维材料	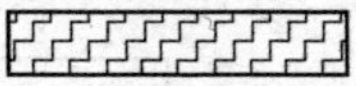	包括丝麻、玻璃棉、矿渣棉、木丝板、纤维板等
16	松散材料	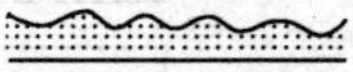	包括木屑、石灰木屑、稻壳等
17	木材		①上图为横断面，包括垫木、木砖、木龙骨； ②下图为纵断面

序号	名 称	图 例	说 明
18	胶合板	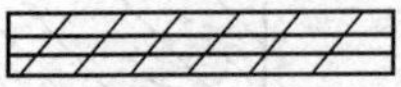	应注明几层胶合板
19	石膏板	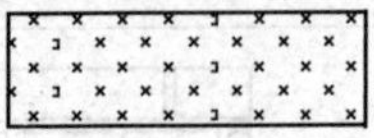	
20	金属		①包括各种金属; ②注明材料
21	网状材料		①包括金属、塑料等网状材料; ②注明材料
22	液体		注明液体名称
23	玻璃	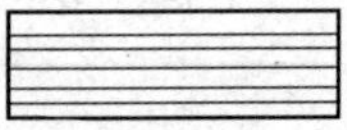	包括平板玻璃、磨砂玻璃、夹丝玻璃、钢化玻璃等
24	橡胶	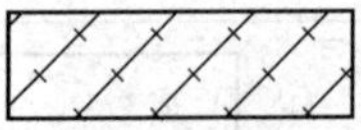	
25	塑料		包括各种软硬塑料及有机玻璃等
26	防水材料		构造层次多或比例较大时,采用上面图例
27	粉刷	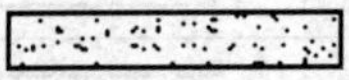	本图例点较稀

附表 2-6　总平面图图例

序号	名 称	图 例	说 明
1	新建的建筑	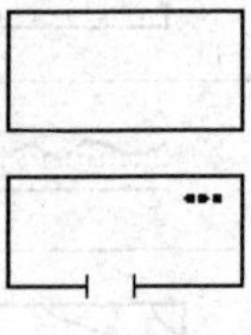	①上图为不画出入口图例,下图为画出入口图例; ②图例内右上角点数表示层数; ③用粗实线表示
2	原有的建筑物		①应注明拟利用者; ②用细实线表示

序号	名 称	图 例	说 明
3	计划扩建的预留地或建筑物		用中虚线表示
4	拆除的建筑物		用细实线表示
5	新建的地下建筑物或构筑物		用粗虚线表示
6	建筑物下面的通道	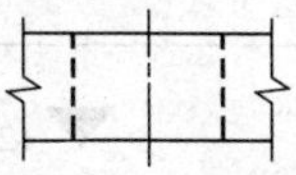	
7	散状材料露天堆场		
8	其他材料露天堆场或露天作业场	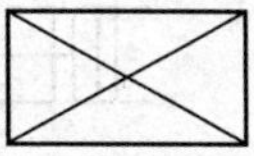	
9	铺砌场地	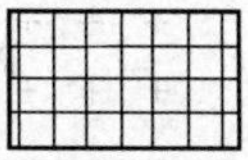	
10	敞篷或敞廊	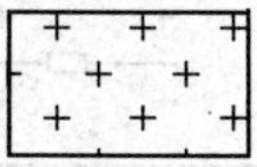	
11	坐标	 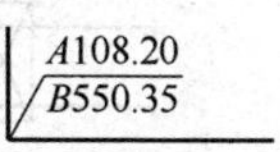 $X105.00$ $Y312.17$ $A108.20$ $B550.35$	上图表示测量坐标,下图表示施工坐标
12	方格网交叉点标高	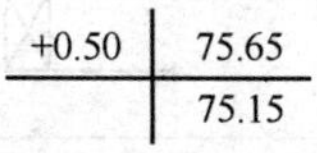 $+0.50$ 75.65 75.15	"75.15"为原地面标高,"75.65"为设计高度。"+0.50"为施工高度,"+"表示填方("-"表示挖方)
13	填方区、挖方区、未平整区及零点线	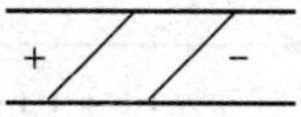 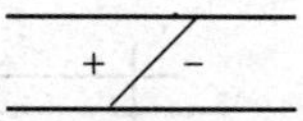 $+$ / $-$	"+"表示填方区,"-"表示挖方区,中间为未平整区,点画线为零点线
14	添挖边坡	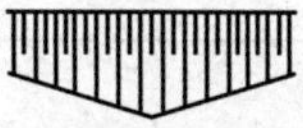	边坡较长时,可在一端或两端局部表示
15	护坡		同序号14

序号	名　称	图　例	说　明
16	分水脊线与谷线	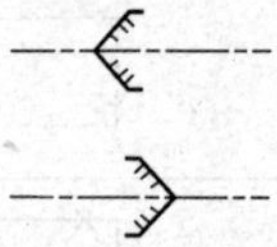	上图表示脊线，下图表示谷线
17	洪水淹没线		阴影部分表示淹没区，在底图背面涂红
18	室内标高	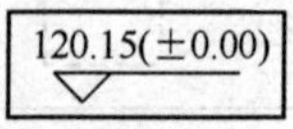 120.15(±0.00)	
19	室外标高	 ▼120.15	
20	挡土墙		被挡土在"突出"的一侧
21	台阶	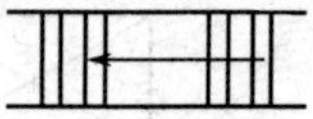	箭头指向表示向上
22	露天桥式起重机		
23	露天电动葫芦	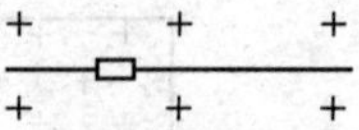 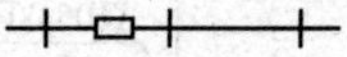	"+"表示支架位置
24	门式起重机	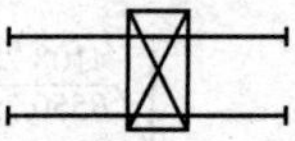 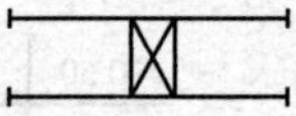	上图表示有外伸臂，下图表示无外伸臂
25	架空索道		"I"为支架位置
26	斜坡卷扬机道		
27	斜坡栈桥（皮带廊等）	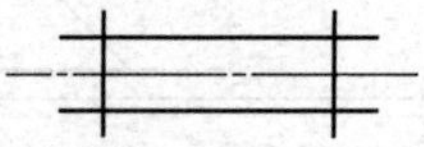	细实线表示支架中心线位置
28	围墙及大门	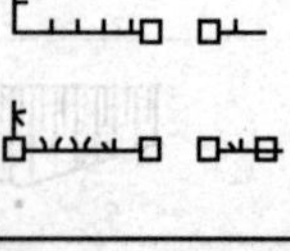	上图为砖石、混凝土或金属材料的围墙，下图为镀锌铁丝网、篱笆等围墙

序号	名　称	图　例	说　明
29	透水路堤		边坡较长时,可在一端或两端局部表示
30	过水路面		
31	水池、坑槽		
32	烟囱		实线为烟囱下部直径,虚线为基础,必要时可标注烟囱高度和上、下口直径
33	雨水井		
34	消火栓井		
35	急流槽		箭头表示水流方向
36	跌水		
37	拦水(渣)坝		
38	新建的道路		
39	原有的道路		
40	计划扩建的道路		
41	拆除的道路		
42	人行道		
43	针叶乔木		

序号	名　称	图　例	说　明
44	阔叶乔木		
45	针叶灌木		
46	阔叶灌木		
47	草本花卉		
48	修剪的树篱		
49	草地		
50	花坛		

注：1. 选用本教材的院校可根据本校的规定调整学时。

2. 若讲授对象具备相应的建筑和识图基础，可不讲授附录部分内容，否则可参考该部分内容选讲。

参 考 文 献

[1] 杜汝俭，李恩山，刘管平. 园林建筑设计 [M]. 北京：中国建筑工业出版社，1986.

[2] 刘福智. 园林景观建筑设计 [M]. 北京：机械工业出版社，2007.

[3] 游泳. 园林史 [M]. 北京：中国农业科学技术出版，2002.

[4] 王树栋，马晓燕. 园林建筑 [M]. 北京：气象出版社，2001.

[5] 屈永健. 园林工程建设小品 [M]. 化学工业出版社，2005.

[6] 李德华. 城市规划原理（第三版）[M]. 北京：中国建筑工业出版社，2001.

[7] 沈福煦，沈鸿明. 中国建筑装饰艺术文化源流 [M]. 湖北教育出版社，2002.

[8] 刘福智，佟裕哲等. 风景园林建筑设计指导 [M]. 机械工业出版社，2007.

[9] 陆元鼎. 中国传统民居建筑 [M]. 中国建筑工业出版社，1998.

[10] 李泽民. 城镇道路广场规划设计 [M]. 北京：中国建筑工业出版社，1981.

[11] 建筑设计资料集编委会. 建筑设计资料集（第二版）[M]. 北京：中国建筑工业出版社，1994.

[12] 卢仁，金承藻. 园林建筑设计 [M]. 北京：中国林业出版社，1991.

[13] 张文忠. 公共建筑设计原理（第二版）[M]. 北京：中国建筑工业出版社，2001.

[14] GB 50352—2005，民用建筑设计通则 [S].

[15] GB 50016—2006，建筑设计防火规范 [S].

[16] 王其钧. 中国园林建筑语言 [M]. 北京：机械工业出版社，2007.

[17] 沈福煦. 建筑设计手法 [M]. 上海：同济大学出版社，1999.

[18] 彭一刚. 建筑空间组合论 [M]. 北京：中国建筑工业出版社，1983.

[19] 冯钟平. 中国园林建筑 [M]. 北京：清华大学出版社，1988.

[20] 潘谷西. 中国建筑史（第五版）[M]. 北京：中国建筑工业出版社，2004.

[21] 沈福煦. 建筑方案设计 [M]. 上海：同济大学出版社，1999.

[22] 吴为廉. 景园建筑工程规划与设计（上册）[M]. 上海：同济大学出版社，1996.

[23] 徐岩等. 建筑群体设计 [M]. 上海：同济大学出版社，2000.

[24] 田学哲. 建筑初步（第二版）[M]. 北京：中国建筑工业出版社，1999.

[25] 胡德君. 学造园 [M]. 天津：天津大学出版社，2000.

[26] 北京市建筑设计院，中国建筑西北设计院主编. 建筑实录 [M]. 北京：中国建筑工业出版社，1985.

[27] 同济大学建筑系园林教研室编. 公园规划与建筑图集 [M]. 北京：中国建筑工业出版社，1986.

[28] 卢仁. 园林建筑 [M]. 北京：中国林业出版社，2000.

[29] 梁美勤. 园林建筑 [M]. 北京：中国林业出版社，2003.

[30] 彭一刚. 建筑空间组合论（第三版）[M]. 北京：中国建筑工业出版社，2008.

[31] 唐玉恩，张皆正. 旅馆建筑设计 [M]. 北京：中国建筑工业出版社，1993.

[32] 石红旗. 园林绿地中的明珠 [J]. 中国园林，2004，28（8）：36.

[33] 李会芹，王炽文. 园林建筑小品的种类及其在园林中的用途 [J]. 现代园林，2002，28（3）：76～80.

[34] 乐嘉龙. 园林建筑施工图识读技法 [M]. 合肥：安徽科学技术出版社，2006.

[35] 周佳新. 园林工程识图 [M]. 北京：化学工业出版社，2008.

[36] 乐嘉龙，李喆，胡刚锋. 学看园林建筑施工图 [M]. 北京：中国电力出版社，2008.

[37] 聂伟齐，李慧峰. 老龄化社会环境下城市街头绿地设计存在的问题及策略 [J]. 现代农业科技，2010，（19）：206～207.

[38] 李霏飞，李慧峰，黄斐然. 溪麓南郡山地别墅小区景观规划探讨 [J]. 南方农业（园林花卉版）. 2010，4（8）：18～23.

[39] 李慧峰，李珊红. 云南纳西族民居建筑构造特点. 滇派园林. 2011，1（1）：68～74.

[40] 李慧峰，李珊红. 滇派园林建筑小品应用研究 [J]. 滇派园林. 2011，3（2）：47～52.

[41] 李慧峰，秦明一. 云南傣族民居建筑构架体系特点与发展 [J]. 滇派园林. 2011，3（2）：61～65.

[42] 毕微微，李慧峰. 云南德宏景颇族乡土园林元素文化特色 [J]. 滇派园林. 2011，9（6）：33～39.

[43] 秦明一，李慧峰. 景洪市基诺族人居环境研究 [J]. 现代农业科技. 2012，2（3）：23～24.

[44] 李珊红，李慧峰. 云南景颇族人居环境研究 [J]. 现代农业科技. 2012，4（7）：200～202.